和顺环境

主　　编：熊清华　蒋高宸
作　　者：杨大禹　李　正
执行主编：杨泠泠
策　　划：尹绍亭

中国最具魅力名镇和顺研究丛书

云南大学出版社

国家自然科学基金重点资助项目
项目批准号：59838280
国家自然科学基金资助项目
项目批准号：50008008
云南省应用基础研究基金资助项目
项目批准号：1999E007Q　1999E003P

保护现存的生态中有价值的东西，
发展新的生态环境和人类居住环境，
是我们的两个实际目标。

——道萨迪亚斯（C. A. Doxiadis）

内容简介

本书以广义建筑学原理为指导，运用多学科交叉的研究方法，从建筑学、考古学、文化生态学、规划学、景观环境学等学科相结合的多维视野上，对腾冲和顺乡的历史渊源，居住环境的物质形态、构成特征，建筑艺术、工程技术、人文精神等方面，进行了多角度的分析研究。期望通过大量翔实的、精美的图片，以及我们在研究工作中的深切体验，把典型、优美的和顺乡聚落及其所包含的各种历史文化信息，客观、真实地展现在广大读者面前，以丰富人们对人类聚居生活的认识，从而进一步了解和揭示诸多潜藏于和顺乡聚落、传统民居和其他建筑深层结构中的发展规律，及其浓郁、丰富的地方特色，为可持续发展的中国人居环境建设提供借鉴与思考。本书内容丰富有趣，图文并茂，具有多方面的阅读和参考价值。

照片摄影：李 正 杨大禹
地形测绘：张文斌等
实例测绘：杨大禹 万 谦 李晓丹 陈晓恬 侯福旺 张 麟
建筑学1997年级 孙 悦 谢 辉 陈 倩 张 鹤 刘君琳 江滢涛 陈 颖 陆 韫 蔡 磊 蒋 峰 聂 隽 张知霏 赵庆华
腾冲文管所 段生成
绘　　图：杨大禹 万 谦 李晓丹 陈晓恬 胡云昆
英文翻译：谢光成

Synopsis of the Content

With the generalized architecture principle as guidance, from the multidimensional fields of vision in which architecture, archaeology, culture-ecology, programmed subject and so on combined each other the book applied the research ways in which the varied school subjects overlap, and various angles to analyze and research the historical origins, material forms of the living settings, the component features, the structure art, the engineering technology and the humanistic spirits and so on in He Shun Country of Teng Chong County.

Through a lot of full and accurate, elegant pictures and the heartfelt understanding which we obtained in research work, we hope to show objectively the real typical, graceful He Shun settlement and the various historical cultural information which it contains to broad readers in order to enrich people' s knowledge about the human inhabitation life, and to bring to light many development laws and the strong, rich local characteristics which are hidden in the deep structure of He Shun settlement and traditional local dwelling houses, and to provide the experience for the Chinese inhabitation environment construction of the centurial continual development for reference.

Owing to its rich, interesting content and both excellent pictures and texts, the book is worth reading and referring to in many aspects.

杨大禹 汉族，1966年生于云南边地腾冲。1988年毕业于云南工学院建筑学专业，1995年毕业于天津大学建筑设计及其理论专业，获硕士学位，现于昆明理工大学建筑学系任教，教授。自参加工作以来，一直致力于云南地方民族建筑与人聚环境的研究，曾先后参与或主持国家自然科学基金、云南省自然科学基金资助研究项目多项，发表相关学术研究论文30余篇。独撰《云南少数民族住屋——形式与文化研究》1部。参与编写《云南大理白族建筑》、《云南民族住屋文化》、《丽江——美丽的纳西家园》、《民族文化生态村——云南试点报告》和《云南乡土建筑文化》5部专著。2004年获“云南省中青年学术和技术带头人”称号。目前主要从事云南地区宗教古建筑、传统民居更新与历史文化城镇保护的相关研究。

李　正 云南腾冲人，汉族，1945年生。1960年从事文化工作，曾供职于腾冲县文物保护管理所所长，副研究员。近十余年来，主要致力于腾冲及周边地区地域文化和考古方面的研究，发表学术研究文章10余篇。

总序

熊清华

2005年的保山好事连台。其中，因为中国人民纪念抗日战争胜利60周年的活动，因为这块土地在那场战争中的特殊地位和贡献，使更多人把目光投向这里，国内外媒体也把焦点集中到这里。而和顺在中央电视台魅力名镇评选活动中，以其优越的自然环境、古老的中原文化与西南少数民族文化和谐共处，与外来的南亚文明碰撞、融汇所体现的中华文化的博大和宽容，以及在滇缅抗战中的重要地位和作用，继入选“中国十大魅力名镇”之后，又以高票荣膺“中国十大魅力名镇”榜首，夺得唯一的“中国魅力名镇展示2005年度大奖”，再度成为国内外关注的焦点。

和顺是面向南亚的第一镇，有两千多年历史，连接中印两大文明古国的南方丝绸之路穿越和顺；和顺是火山怀抱的休闲圣地，17平方公里的和顺是国家级风景名胜区，四季如春，温泉、矿泉资源丰富，是人们生活和休闲、旅游的圣地；和顺人世代从大山里出国闯荡，以大马帮为连接中、印、缅的主要交通工具，产生了翡翠大王、棉纱大王等一大批雄商巨贾，形成了亦商亦侨、亦农亦儒的生存方式。和顺古老的民居建筑和淳朴的民风、传统的民俗，经历了六百年的风风雨雨而奇迹般地保存到现在。在和顺既可以领略徽派建筑的粉墙黛瓦的神韵，又可以欣赏江南古镇小桥流水的身影，也可以看到西方建筑、南亚建筑的元素。寸氏宗祠的南亚风格大门、艾思奇故居的欧式窗户、“弯楼子”民居的英国铁艺，都与“四合五天井、三坊一照壁”这样的云南古民居恰到好处地融为了一体；洗衣亭、大月台、总大门等古建筑在全国古镇中独具特色；八大宗祠保存完好，族谱和宗族活动流传至今；七大寺庙，佛、道、儒共存；六百年历史形成了大量诗词、牌匾、对联、著作，养育了哲学家艾思奇、缅甸四朝国师尹蓉、教育家寸树声、华侨领袖寸如东等一大批名人；和顺六千居民和谐生活——洗衣亭下捣衣的村妇、乡村图书馆读书的农民与和顺人田园牧歌式的生活，共同构成了“活着的古镇”。

近几年来，随着和顺知名度的提高，对和顺的关注也越来越多，从各个角度书写和介绍和顺的书籍册子也不少，而《中国最具魅力名镇和顺研

究丛书》首次推出第一部的三卷著作，则从历史、环境、建筑三个角度，与建筑学、考古学、文化生态学、景观环境学等学科相结合，多维视野地对和顺的历史渊源、演变发展、居住环境、工程技术及其相关的人文精神等进行了多维细致分析和研究，并通过大量翔实、精美的图片，把典型优美的和顺村落环境、建筑及其所包含的各种历史文化信息，客观、真实地展现在广大读者面前。

在第一卷《历史和顺》中，作者从历史角度，对经历了六百年风风雨雨的和顺侨乡的历史渊源、演变、时至今日的现状格局，作了较为全面、系统的分析阐述，其中有考古发现，有对文献史料的考证，有明代屯田戍边军户和后来演变发展为和顺乡寸、刘、李、尹、贾、张、赵、许、钏、杨十个大姓关系的分析，有现存的和顺乡人仍然保存的风俗民情，还有结合和顺乡在历史演变发展过程中，因人多地少而形成的村落环境格局，以及长期形成的世代和顺人外出经商、谋求发展的生存之道和观念习俗。

在第二卷《环境和顺》中，作者结合和顺乡村落的现状格局，从规划学和建筑学的角度，对和顺乡的村落环境、田园风光，和顺乡村落的聚居特性，和顺乡村落的盆地进行研究，分析了和顺乡村落形态构成要素、构成特点和构成意象，包括村落体块组成、街巷道路结构、集市广场分布以及各种村落环境观构成等等，还分析总结出了形成和顺侨乡村落构成的具体原因，其中包括受和顺乡村落的环境容量限制，导致和顺人为了生存发展而出外经商的辛酸历程，客观地论述了和顺乡人在营建自己生活居住的家园时的理想追求，一是对已有自然环境的巧妙借用；二是在后期的人工环境创造时的有机处理，从而构成一个环境优美、地域特色鲜明的聚居环境和生活模式。

在第三卷《人居和顺》中，作者紧密结合所掌握的专业知识，从建筑学的角度，对构成和顺乡村落环境的物质要求，诸如大量的民居院落，展示居民宗教信仰的寺庙建筑和宗教祠堂，还有标志和顺乡村落环境观特色的图书馆、闾门牌坊、月台照壁、桥梁水井、洗衣亭等众多的文化性和标志性建筑，从建筑空间造型构成组合、室内外装饰技术和艺术，以及其所包含的建筑文化内涵等方面，结合着测绘实例作了详尽的分析和论述。特别是对和顺乡合院民居的平面组合体系的空间特点、结构构架、建筑材料、建构技术，及其相关的居住生活习俗、审美追求、价值观念等，也进行了深刻的对比分析。

通读丛书第一部的三卷著作，可以清楚地看到作者由整体到局部、从技术到艺术，从而层层剖析的娴熟技艺和学术水准，其涉及的内容广泛、丰富而有趣，不但有专业的理论分析，也有地方风俗民情和人文介绍。因此，我可以负责地说，这三卷著作都是人们了解、研究和顺的最好向导。

在当今这个世界一天一天变得单一和模式化的时候，我们特意向大家推荐边陲保山市腾冲县最具魅力的和顺，同时特别编辑和推荐这套《中国最具魅力名镇和顺研究丛书》。相信真实的和顺与书中的和顺都能让你心灵有所触动，享受到别样的体验与愉悦。

值此机会，我们还要真诚地邀请有关同仁加入到和顺研究和著述和顺的队伍中来，使这套丛书绵延不断。

是为序。

二〇〇六年二月十六日

前言

蒋高宸

本书开篇叙述了一座城市，这座城市，象征的看，就是一个世界；本书结尾则描述了一个世界，这个世界，从许多实际内容来看，已变为一座城市。

——刘易斯·芒福德《城市发展史·序》

我在开题之前引用了刘易斯·芒福德那段关于一座城市是一个世界，一个世界是一座城市的话，目的是想告诉读者，我们也把聚落看成是一个世界，一个有生命的世界。像其他所有有生命的有机体那样，聚落这个有生命的世界，自有其生长、发育、成熟、衰老、再生的生命过程。

为了使我们对当今面临的、以实现可持续发展为目标的我国城乡住区环境建设任务有完整的认识，而且找到一种既能体现时代特色和满足发展需要，又能切合各地实际的地区性建筑、村镇和城市的发展思路，对传统聚落的生命过程进行系统的追溯是不会没有意义的。于是，我们以云南传统聚落为切入点，在民居研究的基础上，试着开始工作。

一、关于云南聚落研究的起步

聚落是指人类聚居的空间形式。如果从一个家屋说起的话，那么，从空间类型上它可以概括地划分为建筑、村镇、城市等三个层次。它们在历史中既顺递出现，到后来又同时并存，彼此间有着不可分割的联系。把它们作为一个整体来进行研究，促进建筑、村镇和城市的共同发展是时代的需要。

由于自然背景和人文背景的特殊性，从远古村落到近代都市，云南实际上存在着一部活的聚落发展史。对于研究者来说，无疑是个巨大的诱惑。为了能全面地认识这部活的聚落发展史，我们把研究对象的时限划定为从远古到近代（按我国习惯，近代的下限为中华人民共和国成立之时的1949年）。

经考古确证，云南是迄今所知我国有人类频繁活动的最早地区之一。在元谋县大墩子发现有新石器时代的村落遗址；在沧源县发现的一批崖画中，保留着一幅远古时期的村落图，不仅形态完整，而且有人物活动的生动场景。这些像是在我们面前打开的窗子，通过这些窗子，使我们可以窥见云南聚落的原始面貌，从而揭示了云南聚落历史的最早开端。

据文献记载，到我国西汉时期，在云南各民族先民中，一部分已进入“耕田，有邑聚”阶段，一部分则还停留在“随畜迁徙，毋常处，毋君长”阶段。这说明当时云南各地方、各民族社会发展的不平衡性。这种不平衡性甚至一直保持到近代，可以说这是云南社会的一大特点。

众所周知，人类生活曾经在游动和定居这两种极端形式之间摇摆不定。这种摇摆在云南存在的时间与我国其他省份比较起来，也许更为长久。这是由上述云南社会特点所决定的。纵观云南聚落的发展，曾经有过三次重大的历史性飞跃，即：第一次，是从游动到定居的飞跃（从而有原始村落的出现）；第二次，是从村落到古代城市的飞跃（可称为古代的城市化过程）；第三次，是从古代城市到近代城市的飞跃（可称为近代的城市化过程）。

汉代在云南建立初郡制，对上述第二次飞跃的出现起了积极的推动作用。保守些说，云南最早的城市乃出现在隋唐之际的洱海地区。而第一个营建城市的高潮是由南诏掀起的。著名的太和城、阳苴咩城（今大理城），拓东城（今昆明城）、惠历城（今建水城）等一大批古城的建立，开创了云南城市发展的先河，为以后云南城市的发展奠定了重要的基础。到元代，云南滇池－洱海地区的一些主要城市，已达到了当时中原地区城市所达到的发展水平，并具有自己鲜明的特色。例如，与所处自然山水的融合、自由的平面形态、繁华的街市景观、安适的家园环境、精美的城市标志性建筑等。

从明代到清代初年，出现了第二个营建城市的高潮，府、州、县各级治所所在的城市，纷纷旧貌换新颜。规模宏整的砖砌城墙、雄踞城门高处的城门楼以及教化性、宗教性等各类大型公共建筑的大量修建，既极大地丰富和强化了支撑城市空间的物质骨架和文化骨架，也极大地开拓了城市

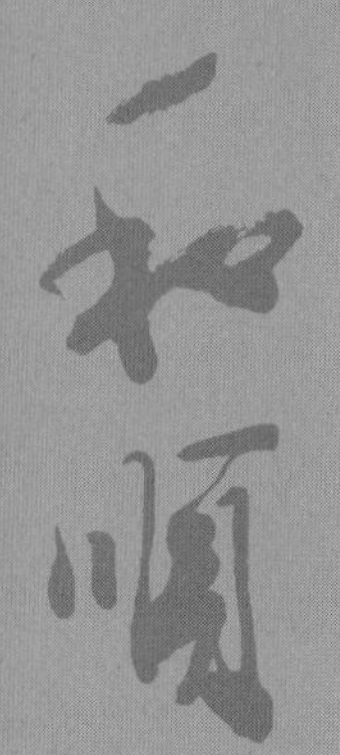

居民的物质生活空间和精神生活空间。

城市数量的增加，规模的扩大，分布地区的更加广泛，是第二个营建城市高潮带来的又一个显著变化。还有一个不可忽视的显著变化是：在城市形态上，更加醉心于追随带有“方形根基”的中原模式，有的甚至不惜为此而抛弃自己原有的优良传统（例如大理城）。其结果反而沦为一般化，倒是坚持了自己传统的那些城市，获得了超越时代的生命活力（例如丽江城）。

二十世纪初叶到四十年代期间，作为省会城市的昆明，由于特殊的历史机遇，带来人口的迅速增长，并拥有了现代的工业、商业、金融业和公路、铁路交通，从而步入了全国新兴城市的行列。旧城的框限被突破，传统建筑发生解体，各式“洋”建筑成为一时流行的风尚。新的工业区、居住区，新的街道景观和大型公共建筑的出现，成为城市发展的新标志。虽然只有昆明一个点，但却代表了云南聚落发展中的第三次飞跃的典型。

以上就是云南聚落发展的一条主线的概况。由于社会经济的欠发达，就云南全省而言，一方面是有一批为数不多的城市在发展，并由于它们的辐射作用，带动了相邻地区村镇的发展，但是在更多地区，特别是边远的少数民族地区，不仅城市稀少，而且集镇也并不多见，村落，甚至是尚未脱尽后进面貌的村落，仍然是云南聚落的主要形式。再者，可以说，村落是城市的雏形，某些后来成为城市构成的要素，原先就已在村落中孕育。从这个意义上说，如果不能透彻地认识村落，也就不能透彻地认识城市。这些就是为什么我们特别重视村落，把它放在一个核心的位置上进行研究的理由。

由于时间跨度大，涉及的范围广，云南聚落研究是一项长远的任务。在目前阶段，我们研究的主要内容及预期目标主要包括以下三个方面，即民族建筑、村镇和古代城市。

（一）关于民族建筑的研究

聚落——无论是村落、集镇还是城市，没有不凭借建筑来塑造自身的形体、展示自身的内涵、实现自身的功能、体现自身的价值的。是故，应当把民族建筑纳入聚落研究中来。

这里所谓的民族建筑研究包括：

●云南各民族传统民居研究

此项研究，重在探索云南各民族民居的起源、历史演变、各类适应性模式的创造及其模式化的机理等。

●除民居之外的云南其他古代建筑研究

除民居之外的云南其他古代建筑，是中原修建经验与云南发展需要的结合，从而形成了自己的地区体系。此项研究重在总结云南古代建筑的历史成就及其地区特征。

●云南各民族传统民居以及其他古代建筑精华的现代应用研究

传统民居和其他古代建筑精华的现代应用，是我们全部研究工作的基本出发点和最终归宿。其目标不应仅局限于对传统建筑形式和风格的传承上面，更全面地说，是要从现时代的需要与各地方具体环境（自然环境和人文环境）条件的结合上，探索导向可持续发展目标的地区性建筑发展的基本思路和可行性建筑新模式。这样的思路和模式，应当关照到空间的丰富、地方资源的再利用，以及日照、通风、隔热、防寒、抗御自然灾害等传统的环境共生技术和经验。这样的技术和经验，是历史遗留给我们的不可多得的宝贵财富。

（二）关于村镇研究

村镇或可称为城市前的城市。我们的此项研究，侧重于两个方面。

●城市前城市的发生学研究

刘易斯·芒福德（lewis mumford）说过这样的话："城市的功能和目的缔造了城市的结构，但城市的结构却较这些功能和目的更为经久。""城市的组织结构一旦形成之后，城市的理想形式或原型形式，便十分令人吃惊地很少再有变化。"他的话十分确切地道出了我们在云南聚落研究中得来的切身体验。因而决定从云南的历史实际出发，探索各民族先民摆脱游动、走向定居的历史过程及其在不同的自然和人文背景条件下所创造的不同村落原型——或称不同民族先民心中理想的不同家园模式。这样的村落原型或理想的家园模式的形成，无不有其深刻的生态学、社会学、宗教学、工程学基础。揭示出这些基础，不仅可以丰富我们的历史知识，同时还可以提高我们探索未来发展道路的自觉性。

●传统村镇的更新学研究

云南地处边陲，经济发展相对滞后，传统村镇严重老化。在改革开放起步早、经济发展迅速、人民的生活水平和生活方式开始发生重大变化的那些地区，老化的村镇与现实的需要之间，越来越暴露出尖锐的矛盾。另外，即便是在经济尚不发达的一些边远地区和高寒山区，也因人口的不断增加和环境质量的逐渐衰退，以及人均占有的可利用资源的不断下降，以致满足居住需要的传统手段几乎亦呈难以为继的趋势。这不能不引起全社

会的严重关注。

众所周知，村镇环境建设是一个地区现代化建设水平的重要标志。应当把村镇环境建设当作造福各民族人民、改造社会、调整全国人口分布的重要杠杆看待，像重视城市建设一样重视村镇建设。

作为高等学校，责无旁贷地应当把传统村镇的更新作为重要的课题来研究，以为各级政府提供决策的参考。

在谋求保护与开发相平衡的前提下，促进边疆民族地区、贫困地区、灾害频发地区村镇持续、健康发展，实现《中国21世纪议程》要求的目标，是我们传统村镇更新研究的基本出发点。

针对不同传统村镇在历史传统、规模布局、产业结构、人口构成、生产关系、建筑功能、建设条件、建设方式、建筑材料、工程技术、能源状况和环境质量等方面的具体条件和突出问题，探索不同的发展对策，在满足下列八个具体目标之下，建立农村建筑学和农村规划学的基础。

这八个具体目标是：

——满足农村经济发展的需要；

——满足改善农村居住环境质量的需要；

——满足保护自然生态环境的需要；

——满足保护民族文化特色的需要；

——满足发展农村文化教育，促进精神文明建设的需要；

——满足抗震防灾的需要；

——满足改善供水排水、能源、交通等基础设施的需要；

——满足节约土地，降低造价，充分利用地方资源和优秀传统建筑技术经验的需要。

（三）关于古代城市研究

云南古代城市，由于受到当时社会、经济等条件的制约，在其规模、数量和地区分布密度等方面，都难于与先进省份相比，但是却具有自己鲜明的特色，特别是被列为国家级和省级的那些历史文化名城，向来受到国内外学术界的关注。它们不愧是我国古代城市百花园中的朵朵奇葩。系统地追溯其历史发展的经验，对于选择未来云南城市发展的方向、道路，可以大有裨益。 对云南古代城市的研究，拟侧重在以下两个方面。

●城市定位和生长的古代范式研究

由于云南城市发展的基础十分薄弱，完善的城市体系至今尚未形成，在一定程度上对云南的经济发展造成不利影响，因而改县为市，扩大县有城市规模的积极性颇高。怀有这种积极性是可以理解的，问题在于不能用拔苗助长的方式来发展城市，正确的道路应该是积极创造城市发展的条件，让其瓜熟蒂落。把云南古代城市的定位、生长作为重点研究课题，意在针对城市未来发展的需要，使对古代城市的研究具有现代的特色。

●云南古代城市的空间、环境、秩序和意义的研究

此项研究的目的在于发掘云南古代城市的特色所在，以作为保护古城、发展新城的依据和参照。

二、关于聚落研究的理论框架

综合性是聚落本身所具有的基本特征，包括人、自然、社会的综合；功能和结构的综合；人的居住行为和构筑行为的综合以及物质形态要素和非物质形态要素的综合等等。这就决定了聚落的研究也必定是综合的研究。即是说，应当从以建筑学、规划学、文化生态学为中心的多学科结合的广泛视野上，忠实、深入、系统地去挖掘那些目前尚未被认识，仍然潜藏在传统聚落深层结构中的有关其形成、发展、演化的普遍规律和地区特点，以丰富我们对于人类聚居的认识。我们姑且把这样的研究称为广义聚居学研究。广义聚居学研究是吴良镛院士率先提出的广义建筑学原理在聚落研究领域中的具体应用。

基于以上认识和云南的具体情况，为有效地进行云南聚落研究，我们构想了一个作为研究工作可以实际操作的理论框架。

该理论框架的要点，概括地说，是一个整体、三个层次。所谓一个整体，即将传统聚落与人类谋求生存、发展的全部活动视为一个整体；将传

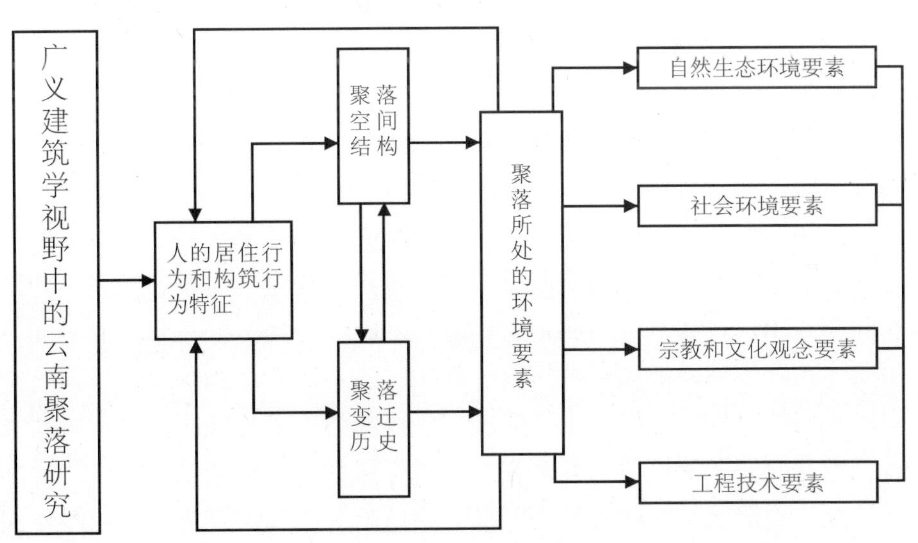

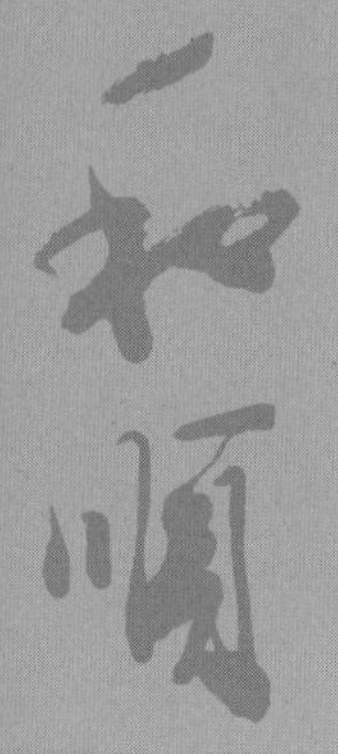

统聚落与其所处的自然生态环境和社会文化环境视为一个整体。所谓三个层次，即将传统聚落研究分为人的行为特征、聚落的空间结构、环境的基本要素等三个层次进行。

（一）聚落空间结构是聚落研究的中心内容和基本根据

从建筑学学科领域思考，作为载体的聚落空间结构当是聚落研究的中心内容和基本根据。离开了这个中心内容和基本根据，聚落研究将无门进入。

聚落空间结构，研究包括聚落空间布局、层次结构、构成要素及形态特征等方面的研究。并以从功能目的出发的环境的选择和微生态结构的利用，作为客观评价的准绳。

通常把聚落空间分解为三个层次，即聚落外部空间、聚落空间和宅院空间等。

聚落外部空间是聚落空间的底景，带有自然的属性，或可称为自然空间，例如平坝、峰峦、沟谷、荒坡、草地、林地等。聚落空间是自然空间的人工化部分，一般称为人工空间，其构成要素如宅基地、道路、广场、祭祀场地、宗祠或庙宇、墓地、生产基地、商业点或集市、教育机构、行政管理机构、边界标志和防卫设施等。宅园空间是聚落空间的重要构成部分之一。其构成要素如睡眠、进食、休息、娱乐、祭祀礼仪、人际交往、家务劳作、储藏、饲养、栽培、学习等。

在对聚落空间作了三个层次的划分之后，已不难明白，聚落空间研究，既要关照到自身各要素和各要素之间的地位与关系，还应该关照到聚落空间与聚落外部空间和宅院空间之间的地位与关系，以及进一步关照到一个聚落与同一地域内的其他聚落之间的地位与关系，以便获得聚落空间的完整概念。

鉴于聚落空间结构在历史中是动态变化和演进的，需要追踪它的变化和演进过程，这就自然地进入了聚落变迁历史的研究。

关于聚落变迁的历史，常常表现出阶段性和变化性两大特点。

在聚落发展的每一个历史阶段，一般都有作为这一阶段典型代表的聚落空间模式出现，而且具有相对的稳定性。在一个地区或一个民族中间，当由游动转向定居时所始创的聚落空间模式，可以称之为该地区或该民族的聚落空间的原型模式，一个地区或一个民族的聚落空间原型模式，往往带有“理想家园”的性质，而且在一个地区或一个民族中间，保持的时间最为长久，对后者的影响也最为巨大，应该格外重视对聚落空间原型模式的研究。

为适应变化了的时代特点和发展需要，聚落空间常常面临着重构的任务，因有重构便带来聚落空间的变化。这种变化既有渐变，也有突变，随机性很大。个体间常有差异，需针对具体对象作具体分析。

（二）聚落空间莫不是人的行为的空间，对人的行为及其空间要求的研究是聚落空间研究的要害

由聚落空间所包容的人的行为，可类分为居住行为、社会行为、经济行为、宗教行为、游戏和娱乐行为等。

——社会行为，包括群体的集聚和管理、生育和婚姻、人际的交往教育、安全防卫等等行为；

——经济行为，包括以物质生活资料的摄取为中心目的的生产和交换行为；

——宗教行为，包括各种祭祀和礼仪行为；

——游戏和娱乐行为，系指周期性进行的群体游戏和娱乐行为。

以上四类行为的内涵、对空间的要求以及给予满足的方式，因时代和文化的差异以及聚落的等位不同而不尽一致。

（三）人的行为都是对所处环境的刺激的反应，对环境要素的研究，是聚落空间研究的重要基础

由于地理纬度和海拔高度的双重影响，云南的自然生态环境复杂多样。按农业区划的标准，云南全省大致被分为三层六区。

云南宗教种类之多，堪称全国之冠。其中尤以少数民族中的各种原始宗教、南传上座部佛教和藏传佛教的影响最为深远。在从游动走向定居的历史大转变中，宗教发挥了“磁性中心”的巨大作用。尔后，也是宗教的约束，提供了一条巩固定居、通向聚落发展的道路。此外，我们还特别关注在各种原始宗教信仰基础上所形成的不同的禁忌体系和占卜体系对聚落发展的控制作用，尤其是那些以宗教形式表达的原始生态观念的深远历史价值。

对汉族移民社会来说，宗教观念已走向淡化，宗法礼制观念成为主体信仰，并以“风水”作为实际修建活动的指导。

与长期历史积淀有关联的、对环境认同的民族文化心理，在聚居地的选择上所发挥的效应具有特殊的认识意义。

鉴于工程技术对聚落的建设和发展在一定程度上起着推动或迟滞的作用，故而把它作为一个重要要素来看待。诸如建筑材料资源的开发与利

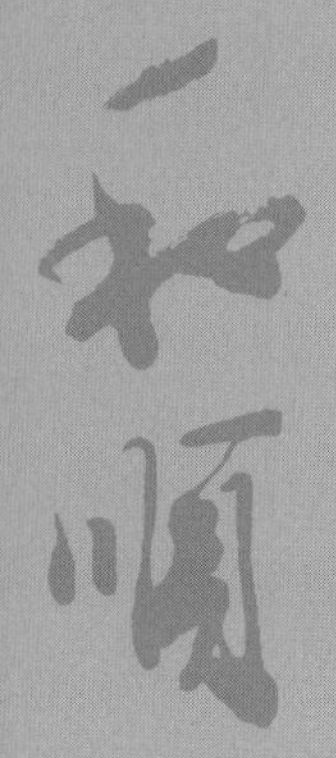

云南农业类型划分表

分区		海拔（m）		面积		≥10℃的积温	地理、气候、物产特征
		西部	东部	平方公里	占全省面积%		
高寒层	山区	2500以上	2300以上	7.1万	18.4	3000℃	地势高峻、气候严寒，以林业、畜牧业、药材为主，粮食主要为青稞等耐寒作物
	坝区			1万多			
中暖层	山区	1500~2500	1300~2300	19.7万	54.0	3000℃~6000℃不等	气候为亚热带、暖湿带等类型，大部分地区降雨适中，农业生产水平高，主产水稻、玉米、小麦、蚕豆等粮食作物及油料、烤烟等经济作物
	坝区			1.6万			
低热层	山区	2500以下	1300以下	10.1万	27.6	6000℃~8000℃	气候主要属于南亚热带和热带类型，除干热河谷外，降水充沛，热带动、植物资源丰富
	坝区			0.67万			

1. 海拔西部、东部的划分，系哀牢山及云岭山为准。
2. 资料来源：《云南省情》。

用、结构体系和工匠队伍的成熟程度等，不能不列在思考的范围之内。但是，虽然如此，似乎我们更应把它们包括在一个“构筑行为”的概念内来探讨。而这个“构筑行为”是建立在人对环境的反馈和调适能力的基础上的。

关于云南聚落研究的理论框架就介绍到这里，我们是想开辟一小片园地，也准备为此付出自己所能付出的汗水，但不知能否有所收获，因为我们意识到，如果要有收获的话，创造性智慧是不可缺少的，而且是汗水所不可能代替的，而我们所最最缺乏的正好是这个创造性智慧。姑且以此与读者们交流，相信智慧就在读者们之中。

和顺

远山莽苍苍，
近水何悠扬，
万家坡陀下，
绝胜小苏杭。

——李根源

和顺

移民聚落　边地侨乡

——和顺乡的聚落环境

一、关于聚落

聚落是一个古老的词汇，它原指有别于都邑的农村居民点[①]，现代含义上则是所有居民点的通称，即人类生活地域中的村寨、城镇。

聚落同民居住屋一样，是一定民族文化系统的产物。如果说民居住屋是个体的人或家庭的世界观的反映，那么聚落则是家庭、村寨等社会群体对自然世界认识的共同体现。

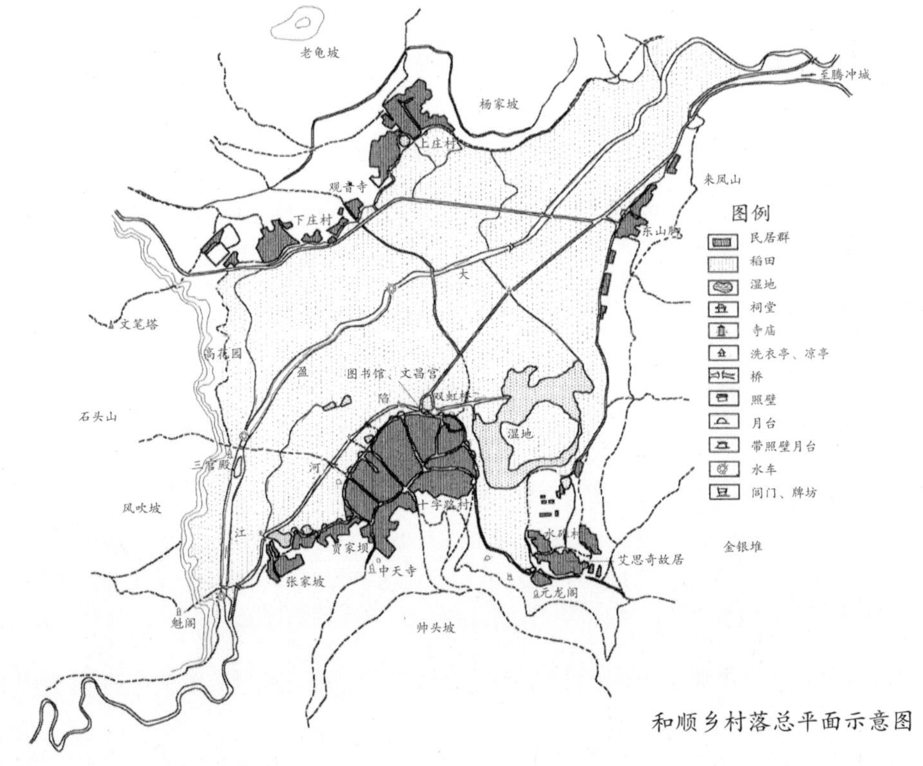

和顺乡村落总平面示意图

① 周若祁、张光：《韩城村寨与党家村民居》，第3页，陕西科技出版社，1999年版。

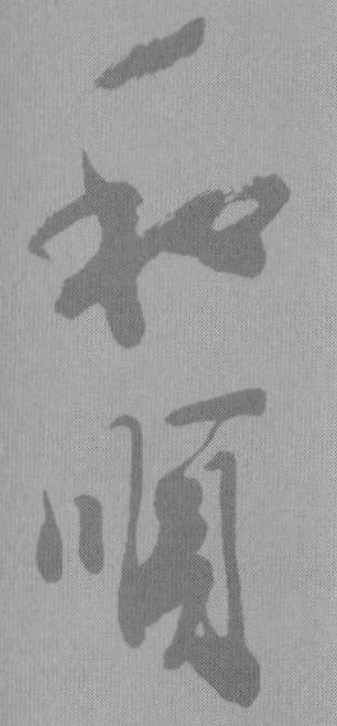

一定地区的人们总是生活在他们所处的聚落环境里，住屋、聚落、区域自然环境是人们生存的社会及空间系统中的不同部分。实际上，聚落本身就是一个扩大了的生活场所，而其中的民居住屋、街巷广场、宗祠寺庙等不同类型的建筑，仅仅是这个生活场所领域中较为私密或具有明确功能用途的不同空间。

一个完整的聚落，是人们为了在自然条件下保护自己，根据自然的特点而逐步建造成的一个自然系统。它很像一棵树或一个器官，通常是主次分明的多种功能空间的聚居地。就居住在聚落内部的人们来说，日常的行为活动，除了在住屋室内的起居、家务、劳作之外，其活动范围“总是或多或少地延伸于住屋之外，而住屋的形式又总是受到一个人‘住在里面’的程度和在这里发生的活动多寡的影响”①。比如住屋院落中的庭院天井以及住屋周围的菜园、柴棚、畜圈、粮仓等，都是一家人活动的各种有限的空间场所。尤其是人们集体的生产劳动、社会交往、歌舞祭祀等，更是要在住户空间之外的广阔场所或诸如一些集市广场、街头巷尾、树荫下、水井边、寺庙里和田棚中进行。于是，家族的集合组成了村寨，住房的总和构成了聚落。各种各样的功能性空间场所，通过道路的穿插联系、地块边缘的分隔界定，以及人与人之间的行为活动，就自然地构成了一个有机的聚落整体。

就聚落的发展演变而言，聚落经历了不同的发展阶段，形成了多种多样的类型。对聚落形态类型的划分，无论在人文地理学上，还是在建筑学上都有许多种划分方法。如按自然地形划分，可分为山地聚落、平坝聚落、湖滨聚落；如按社会生产方式或居住生活形式而分，又可分为农耕聚落、畜牧聚落等多种。

以下所列举、论述的是与和顺乡聚落形态特征密切相关的几种聚落类型。

（一）山地聚落

山地的自然景观，是以山地的等高线和山势升起的坡度为经纬、纵横交错而构成的。山地所包含的“能量”始终在不断地为人们提供着生活所需，并以其山体体量、山势走向、高低陡缓、动植物、水土资源等等的物理特性，深深地影响和限制着聚落的选择与发展。所以，山地聚落的形态，更多的是体现人们对自然的顺从和适应，如线型走向的聚落布局形式。在山地聚落中，山地所有为人们熟知的自然特征，必然会在其建构的

① （美）拉普普：《住屋形式与文化》，第83页，张玫玫译，台湾境与象出版社，1976年版。

沿河建盖的洗衣亭

龙潭边的洗衣亭

环乡流淌的陷河及河边建盖的洗衣台

物质形态中最先出现、最先表达。同时，山地所体现的局限性和封闭性，也造成了地域文化的保守与停滞，使人们常安于现状、安于顺从，实际上有时是不得已而为之的。人力在有些方面远不能与自然力抗争，只能以容忍的姿态来维系人地之间的平衡。

（二）农耕聚落

农耕聚落，是人类聚居的一种空间形式，就是一定的人群聚集于某一场所，进行与农耕生产、生活相关活动而形成共同社区的居住状态。农耕聚落作为一定人群或社会集团的居住地，是包括其居住及周围土地环境在内的一个整体。聚落依赖土地，并以土地为纽带，作为人们生存与生活的基地，以农耕经济活动为主要内容，缔结成一定的生产关系和社会关系。从空间属性上看，农耕聚落具有明确的空间领域，不仅是满足日常农耕生产与生活活动的功能空间，也是反映某种生产关系和社会关系的社会空间，同时还是反映聚落群体共同信仰和行为规范的意识空间。

从社会学的角度看，农耕聚落的产生，是社会生产力发展到一定阶段和人类进入定居生活的必然结果，也是人类文明社会的起点。历史上，由于农耕聚落的发展，原始的氏族部落才逐步走向进步，逐步产生最初的城镇。随着后期城乡的分化，一部分农耕聚落转化为城镇，一部分仍保留其固有的特性继续发展，先后出现了宗族聚落、庄园聚落、乡村聚落和屯田聚落等彼此不同的几种形态。

（三）宗族聚落

宗族由近亲家族族群所组成，是有着共同祖先和宗族谱系的若干近亲家庭的联合体。由宗族共居或由若干近亲家庭共居的聚落，是中国农耕社会最主要的居住形态。一般而言，中国古代的宗族聚落具有以下几个特征：

（1）以家庭、宗族构成的同族聚落是最普遍的形态。

（2）强势的家族主导着宗族和聚落的发展和兴衰。

（3）聚落中的宗庙或家祠，表征着周礼中“同姓于宗庙，同宗于祖庙，同祖于家庙”的规制。

（4）家庭或宗族的成员，生时聚族而居，死后则聚族而葬。

（5）家族、宗族聚落不仅是社会和经济的基本单位，而且在军事上构成了民防的基本单位。

聚落的形成和发展，尽管最终取决于社会的生产关系和生产力水平，但却与当时的政治制度、意识形态以及地域的风俗民情密切相关，在漫长的封建社会中，传统农耕聚落的演进十分缓慢，以宗族聚落为主体的乡村聚落的构成和内部机制，基本上维持着其原生的状态，而随着社会经济的发展进步，宗族聚落在很多方面产生的适应性变化，往往呈现出地域上或时代上的显著特征。

粗略划分，宗族聚落又可分为庄园聚落与乡村聚落，前者为庄园主占有全部土地的同族聚落，而后者则是以自耕农为主体的同族聚落。当然，在后期发展中出现了阶级的分化，也产生出地主、自耕农和佃农等与庄园聚落十分相似的经济形态及组织结构。

以自耕农为主的同族乡村聚落，虽然在聚落族权的分配上不同于庄园主的权力集中，给予同宗族成员一定的民主，强调“敦睦洽于族”，但同样竭力维持封建社会的礼制和宗法制度，制定族规、家规，设立宗祠祖庙，以立村、建寨的先祖为共同的祭祀对象。宗族全体共同承担对社会的义务，如乡里杂役、兴修水利、民防等，在营建管理聚落内部的公共设施和其他重大活动方面，均由宗族全体讨论决定。

（四）屯田聚落

屯田聚落是古代屯兵戍边政策的产物，也是后世众多以“屯”、“堡”、“寨”、“营”为名的村落原型。

早在秦汉时期，为抵御外族的入侵，安定边防，即开始大规模地推行屯兵戍边政策，大规模的屯田移民，使边疆地区和人烟稀少地区迅速出现许多城邑和村寨，对加强边远地区的安定和防御外敌发挥了重要的作用，也大大促进了边远地区的开发建设速度，出现了“数世不见烟火之警，人民炽盛，牛马布野”的局面。晁错在《论守边备塞疏》中论述，屯田移民之初，应“相其阴阳之和，尝其水泉之味，审其土地之宜，观其草木之饶，然后营邑立城，制里割宅，通田作之道，正阡陌之界，先为筑室，家有一堂二内，门户之闭，置器物焉。民至有所居，作有所用，此民所以轻去故乡而劝之新邑也。此所以使民乐其处而有长居之心也”。相当生动而具体地反映出秦汉时期边邑与村镇规划建设情况和一般民宅的基本型制。即一要选择生态环境良好的地方；二要加以规划，开辟交通道路；第三要建筑房屋，并做室内设计。只有这样才能在发展农业的同时，使得迁去的移民对他们新的居住环境感到满意，有长远定居的打算。

秦汉以后，历代统治者都很重视屯兵戍边政策的运用，并将屯兵、屯田扩展至全国军事和交通要冲之地。三国时，曹操曾采取“且耕且守”的方针，明朝在国策中也制定了“募民屯田，且战且守”的方针，将屯田作

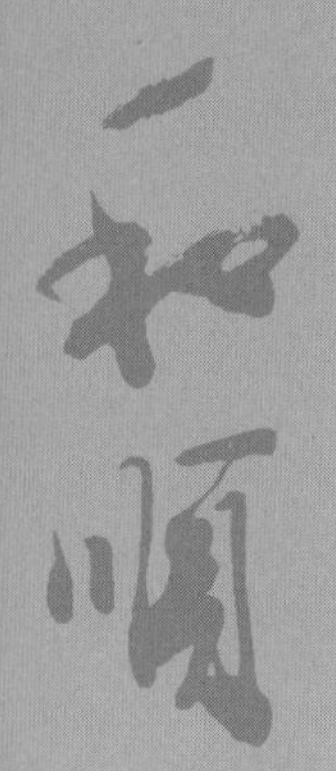

为常备不懈的政策。

由于屯田制度的长期实行，使古代边地与一些“虚空”之地，吸纳了内地大量的移民，从而先后涌现出众多的新聚落和新城镇。这种因国防和军事需要而产生的特殊聚落，在地域跨度大、建设周期短、计划性与组织性较强、居民和军屯源流复杂的多方面因素影响下，加之屯田地方的自然条件千变万化，使得屯田聚落形态构成丰富多样。这些由国家实施政治、军事战略而有计划先后建设起来的特殊聚落，随着其历史使命的完成，有些迅速衰落，成为古代边防地区城乡体系的基础。

从腾冲与和顺乡的发展历史来看，腾冲自古就是滇西前线的军事要塞和镇防重地，其坝子周边区域的战略地位也十分重要。和顺乡不但自然条件优越，便于生活，而且也便于防守。因为，最初的人们在到达某一个地区后，总要选择该地区中最有利的地方作为他们的聚居地，这个选择过程一般受两个因素的影响：一个是功能因素，既人们总是要选择那些对生活与生产技术来说都是最方便、最有利的地方；另一个是安全因素，即总要选择易于防守的地方。根据军事守防的需要，现今的和顺乡自明代实行屯兵戍边政策以来，就是这种屯田制度在云南边地结合地方特殊的自然地形、气候条件而形成的一种独特的屯田聚落，同时兼具有明显山地聚落、农耕聚落和宗族聚落等几种聚落特性。

二、感悟和顺

被称为“极边第一城”的云南腾冲，是中原文明在遥远的西南边地凝成的一块琥珀，古代川、滇、缅、印南方“丝绸之路”的必经之地。“金腾冲，银思茅，琥珀牌坊玉石桥” 就是当时对这座历史文化名城的写照。20世纪40年代，腾冲古城在滇西焦土抗战中被夷为平地，往日之辉煌已难再现，和顺能够较完整地保留下来，实属有幸，特别又在经过“文革”的一翻“洗礼”之后，这些凝聚着物质文化与精神文化双向互渗的地方景物，更显珍贵。

作为旧时腾冲缩影的和顺乡，以其优美的自然环境、田园风光，极具人性化的村落空间环境和深厚的文化积淀、历史信息，展示给人们的是一个和谐而宁静的人文世界。正如诗中赞道：

丝绸古道上，温暾好地方。
洪武开天地，屯田戍边疆。

鳌峰独占秀，凤岭喜春长。
双虹卧清波，古刹映龙潭。
正德嘉靖碑，景山纪念堂。
思奇著哲学，雨州育栋梁。
益群桃李茂，四海咄芬芳。
馆藏七万卷，精神富食粮。
古宅沐春风，侨乡谱新章。

（一）令人陶醉的田园风光[①]

看，东山脚下，老龟坡前，那错落有致的村舍农庄，那绿柳掩映的莲池荷塘，那白墙灰瓦的照壁牌坊。再看那凤岭下、鳌峰旁，依山而建的居家民房，双虹飞拱，绿水绕旁。

这里有远古的呼唤，也有葱绿的山峦；这里有肥沃的田野，也有蜿蜒南流的大盈江；这里有凤岭的苍翠，也有龟坡的巍然；这里有鳌峰的秀色，也有火山石汇成的海洋。

这里有比邻相连的瓦屋村庄，也有绕村而过的流水潺潺；这里有双虹飞拱的桥梁，也有绿树成荫的堤岸；这里有幽谷丛中的楼台叠起，也有波光粼粼的碧水龙潭；这里有粉墙黛瓦的民居照壁，也有造型优美的闾门牌坊；这里有飞檐斗拱的庙宇祠堂，也有民居古宅的画栋雕梁；这里有蜿蜒曲折的大小石巷，也有庭院深深的宁静安详。

这里有田野的青绿，也有油菜花的灿烂；这里有芳草的萋萋，也有稻谷的金黄；这里有晨雾对村庄的依恋，也有暮霭在田野中的游荡；这里有山雀欢快的鸣叫，也有鹭鸶觅食的闲散；这里有彩蝶的翩翩起舞，也有蜜蜂的阵阵嗡嚷；这里有村边上的紫微红艳，也有庭院里的兰蕙幽香；这里有三春杨柳的翠绿，也有九夏芙蓉的清香；这里有绿柳掩映的芳塘，也有河岸上的秀亭翼然，这里有和顺人的温文尔雅，也有侨乡人的古道热肠；这里有水乡特色的浓郁，也有传统生活的神奇；这里有人文色彩的绚丽，也有历史积淀的斑斓；这里有古树繁花的迷人景色，也有春色满园的无限风光。格外明净的蓝天，伴随着村里人家的整日奔忙，值得人们去细细游览观赏；回顾侨乡悠久丰厚的社会历史，可以编织未来诸多的发展梦想。经过多少辈人的艰难缔造，把和顺营造得如此美丽端庄。这的确是充满诗情画意、充满文化韵味的村庄，也是海外游子梦魂萦绕的地方，她不愧为

① 余嘉华：《云南风物志》，第247年，云南教育出版社，1991年版。

边地美溢四方的“小苏杭”和著名的历史文化侨乡。和顺的魅力，正来自于这些完整的自然与历史文化风尚。

儒雅的和顺人对背负山岭、面迎四季不同色彩的田园景色，常有着赞不绝口和款款而谈的自豪感。它缘于得天独厚的自然环境和人文环境的有

和顺乡秀丽迷人的田园风光

机结合，顺其自然地把周围的生活环境装扮得更加靓丽，处处流露出儒风拂拂、貌似江南水乡般的诗化田园韵味，在西南边地显得格外亲切醒目。而其中的许多人文景点设置又处处与传统风水理念有关。

（二）和顺乡的聚落环境

和顺是云南著名的华侨之乡和文化之乡。全乡共辖十字路、水碓、大庄三个行政村。和顺乡全境为一“形似马褂”的小盆地，呈东西两小片，南面一大块的三点格局，聚落村庄围绕坝子周边自由布置，四面青山环抱——东翔来凤，南腾黑龙，西架马鞍，北擂鼓顶。这里气候温和，景色极佳，形成一江穿流、数溪萦绕的田园风光。闻名遐迩的和顺图书馆、艾思奇故居、元龙阁、文昌宫等众多的古建筑群落分布其间，周围苍松古柏，林木扶疏。远远望去，鳞次栉比、鸡犬相闻的居家屋宇、宗庙祠堂从东到西环山而建，绵延一二公里。其间的栋栋宅院，依山就势，寻求秩序；粉墙黛瓦，协调一致。沿河长堤横栏，水榭悠然；凉亭拱桥，闾门牌坊，月台照壁，水井方塘，有如珠串。池塘内莲荷盈盈，香飘数里；溪河上鹅鸭戏水，意趣盎然。乡人李根源先生曾赋诗赞道：

烈遗浪叠起鳌峰，
和顺人家图画中，
花亭楼头向陡倚，
岭梅含水笑春风。

和顺乡这种独特的自然与人文景观环境，仿佛像东晋陶渊明所描述的“世外桃源”。表明当地人在追求与自然环境和谐相处的同时，还追求一种相对独立的生活空间和恬淡适静的村居生活。当然，要达到这种“世外桃源”，还必须要具备两个前提条件：一是聚落的经济基础要好；二是聚落中文人占有一定的比重，懂得如何根据自然环境、利用自然环境来创造自己所追求的幽雅宁静的生活氛围。和顺乡恰恰满足了上述两个方面的要求，加之天赐的良好自然生态环境，形成彼此互动的良性循环，在西南边地造就了“远山径雨翠重重，叠水声宣万树风。路转双桥通胜地，树环一水似长虹。短堤杨柳含烟绿，隔岸荷花印日红，行也坡陀回首望，人家尽在画图中”的山水居住环境。

每当进入和顺，人们首先看到的是两道造型别致、做工精美的“双虹桥”。作为村落的主入口，坐落在从乡前流过的溪河上。一条环村的石板

洗衣亭内洗涮、交谈的村民

洗衣亭

路与河并行，由此向东、西两个方向自然延伸到村落中。河流的形貌、位置自成风水相地中城池、聚落或住宅前的“朱雀”之状。正如传统风水所言：“门前若有玉带水，高官必定容易起，出入代代读书声，荣显富贵耀门闾。”溪河上，一座座洗衣亭沿河而建，水上有井格石条，旁设木凳，河水触手可及。村民在这里浣衣洗菜，晴天遮阳，阴天避雨，田间劳作归来，可在此冲洗纳凉。环村路上每隔一段，就有一半圆或扇形的石栏月台，台中植树，树下设石凳、石桌，供乡人邻里聚集闲谈。步入村中，直街曲巷，石色苍苍；暖屋静院，户户书香；闾门牌坊，兴仁礼让；宗庙祠堂、传世流芳。这一切构成了和顺乡独特的景观风貌与个性特征。使彼此相对独立的各种聚落构成要素，通过环村路的有机联络，共同形成一条相互呼应、韵味无穷的文化带和风光绮丽的风景线，同时，村前的环村河也成为田野与聚落之间一道天然的防线。

（三）和顺乡的聚居特性

聚族而居是传统聚落中常见的、典型的居住方式。靠血缘关系维系的村落组织既有对外一致的宗法观念，也有强化居民对聚落事务、聚落整体的认同感和责任感。

此种聚居性影响着聚落布局形态和这种空间组织关系，逐渐形成按宗族及其下属各派划分空间领域、组织生活空间的模式。

整体上，血缘关系将聚落的区位进行了社会划分，使地域空间有了社会价值。“地域上的靠近可以说是血缘上亲疏的一种反映，区位是社会化了的空间，我们在方位上分出尊卑，左尊于右，南尊于北，这是血缘的坐标。空间本身是浑然的，但是我们却用了血缘坐标把空间划分了方向和位置。”①

一般来说，在同宗族姓组成的血缘聚落街巷中，居住在各户民居院落

和顺乡7月的湿地水景

① 费孝通：《乡土中国》，第72页，三联书店，1986年版。

和顺民居群落外观

里的家长，无论是父子或兄弟关系，当他们在经济上独立或分财分家后，尽管各起炉灶，但仍然聚居一地或一个院落内，条件好的在老屋前后新建、扩建，独立出去，使聚落住区逐渐形成自然生长的发展趋势。条件差的共居一院，分灶而食。所发展的各户民居之间，又通过外部的小巷或公共空间进行联系。

和顺乡聚落的空间组织可以说是靠血缘关系来实现的。自明代初期，随着部分被安置到“阳温登”屯田的军户移民和“阳温登”的原住民族一道，共同聚居、生活于和顺乡，开创了和顺的新历史。从聚落整体的组成来看，至今和顺的每一街巷几乎都是以一些姓氏命名的，比如尹家巷、寸家湾、贾家坝、赵家巷、李家巷、张家坡等等，这就确定了同宗同族的移民或原住民在和顺一定的聚居范围，彼此通过一些街连成整体，并于各自居住范围内的显要位置或聚居中心（非几何中心）建立同宗族姓祠堂，形成同姓族民族们心目中的文化和精神中心。和顺现有的八姓祠堂，多数位于聚落边沿的环村道上，祠堂前又结合环村道路设有宽阔的月台，形成一种外向性明显的空间表征形态，当然也与活动时人多事杂、便于交通往来的使用要求有关。而每一祠堂在房屋格局有大致相同的基础，又根据祠堂所处的具体地形环境，在空间、规模和气势上体现各姓不同的风格特点。如寸姓祠堂大门还吸收和借鉴了外来文化因素，形成西式拱门造型特征。

移民籍贯的自然集中，正好说明地域性的结合是明代移民过程的重要特征之一。移民地域性结合是传承籍贯之地文化的重要条件，若加之血缘性结合于其中，则更显示出传承文化的威力。虽然这些周身浸满中原文化的戍边将士以军屯形式集体屯垦于边地和顺，明显有不掣肘于周围环境的组织体系和文化自信力，其血缘性、地域性、军事性又强化着组织体系对文化伸张于表现的完善，更何况他们带来的文化，诸如礼仪制度、教学科举制度，甚至聚落规划与乡土建筑制度、家具农具制度等等，都大大先进于屯兵之地的周围环境，加之有军事形式的保障，使军屯移民以和顺为据点屯守驻防。而和顺坝子周围山岭环护，其优良的自然气候和良好的生态条件，使得他们集体长驻下来，从事农耕生产、生活，并按照内地汉文化的治理思想来营造自身生存居住的家园环境，在云南边地进行了充分的经营发挥，形成一块纯度很高的汉文化“飞地”[①]。从而，构成与周围聚居环境截然不同的文化景观，处处顽强地流露出汉文化物质与精神形态的表征。

这一群远离故土的移民官兵，由戍边而农耕，虽生活在边塞夷地，却素重耕读之本。因为，在中国传统的耕读文化中，读书不仅是全面继承汉文化的有效手段，也是“学而优则仕”，作为普通百姓改变自己命运、晋级上层社会的阶梯。同时还激励人们自强拼搏、努力学习、不断开拓眼界的进取精神，这种风尚一直在边地和顺经历了六百年的风雨沧桑，给人们创造和留下了许多宝贵的文化遗产。它们都以各种有形的物质载体，如各种类型的乡土建筑形式，在那里闪烁着文化的光芒，并告知世人，那就是和顺丰厚文化积淀的结果，是靠家家代代都有读书人几百年来铺垫形成的。据《和顺乡两朝科甲题名录》记载，仅明代至清道光年间，和顺获取功名者就有400余人，至近现代更是大学生、研究生、留洋海外者无数。

(四) 和顺乡的盆地经验

人们对空间的辨识能力是极为有限的。一个边界明确、尺度有限的围合空间，可以使人们的日常活动在一个熟悉的、边界明确而生态关系相对确定的空间环境内进行，而边界的天际线、起伏的山峦和地形地貌又常成为人们确定自己方位认知的参照体。

而且，一个围合的盆地或河谷具有的良好地理、气候条件，这对资源的丰富性和再生能力，以及早期人类维持自身的生理代谢平衡都是极为有利的。

① 季富致：《大雅和顺——来自一个古典聚落的报告》，载《华中建筑》2000年2期，第115页。

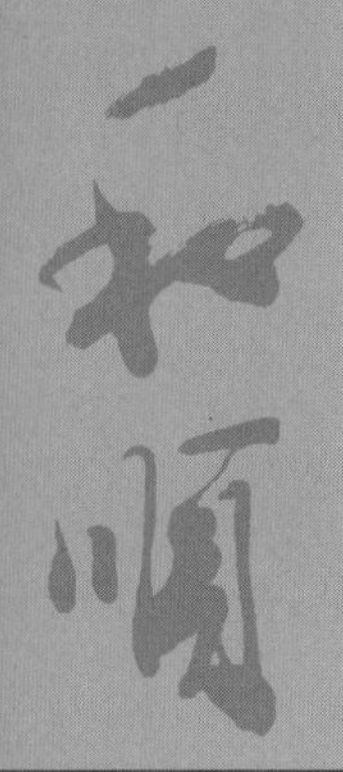

中国农耕文化自西周前后基本取得定向后，便进入了一个持续绵延的发展历程。尔后，不论如何改朝换代，甚至异族入侵，这种农耕文化的发展却始终离不开其固有的模式。“盆地”这种特定的聚落景观类型，始终伴随着中国民族文化的发展，漫长的“盆地”生态适应进一步强化了中国“风水”模式的庇护、捍域和自然依赖的特征。通过对前面所述的和顺乡坝子及周边的景观构成实例的研究，我们可以对传统农耕文化这种强烈的庇护、捍域和自然依赖特征有更直观的认识，其在很大程度上表现为对自然过程和自然景观格局的尊重、信赖和爱护，可以被称为生态节制[①]。这种节制，一则能给居住群体带来长远的好处；二则居住群体也有能力维护节制行为的结果，因此，长期的盆地经验，促进了传统农耕文化生态节制机制的发展。

主要原因是：

1. 盆地有利于形成稳定的生态文化区

盆地易于构成一个边界确定的生态文化区。在这里，居住者与自然环境之间建立了长期稳定的关系，使居住者有机会全面认识盆地生态系统的过程与结构，有助于人们认识长远利益和眼前利益。

2. 有利于家园意识和继嗣道德的发展

盆地为一个或几个家族和社会关系密切的居住群体提供了稳定的领地和家园。家族和特定社会群体的尺度与盆地尺度相适应，整个家族或群体的发展完全寄托于这块有限的领地，从而产生强烈的家园意识。每个成员从小就受到长辈关于他们祖先开拓和保护、建设家园的艰难而神奇经历的传说熏陶，产生敬仰祖先之情，进而发展为祖宗崇拜。具体行为上表现为：第一，每个成员都把自己视为家族生命的一个阶段，他们的主要作用是承前启后，使家族得以延续并发扬光大；第二，把祖宗留传下来的家业看作神圣的东西，并有责任完好地传给后世。“所以传家守业，世泽绵长者，无不由祖宗积累所致，故为子孙者，不可一日忘祖。”继嗣道德使他们能把家族的长远利益与自己的眼前利益有机地结合起来。“祖宗留下来的田地”、“祖宗留下来的家产”本身就意味着它们是受世代继承和保护的，否则会“上对不起列祖列宗，下无颜以对子孙”。这方面不论在族姓宗祠，或是在每家正房堂屋祭祖的“家堂牌位”上，均有浓浓的体现。

3. 有利于形成斥异型的社会群体

一般空间的占领方式可分为四种：个人占领、社团占领、社会占领和

① 余孔坚：《理想景观探源——风水的文化意义》，第115页，商务印书馆，1998年版。

自由占领。因景观和生活方式的不同，各种空间占领的比例也多少不同。个人空间的占领十分有限，开放性的社会空间也非常少，于是对空间的共享性使每个成员都感到有责任保护自己的家园，以维护自己的利益。

4. 有利于内源需求导向的自力型经济的发展

盆地的空间隔离作用，发展了以自我需要为目的的内源型需求的生活方式，日常的生产、生活活动直接受盆地内生态环境的约束，并产生与之相适应的生态节制行为。

另外，盆地景观对其他社会文化过程的影响，由于空间的隔离性和自然及社会环境的稳定性，盆地比其他地形的农耕生产、生活有更密集的人口，且常处于近饱和状态。在这样近饱和的人口压力下，有利于促进文化的节制行为的发展，从而导致人们不断开发新的资源，摆脱对固有资源的依赖性。由此可见，传统农耕文化的盆地经验对生态节制行为的发展有明显的促进作用。独特的盆地经验，使盆地农耕文化的生态节制行为，不是以单一资源的持续利用为目的，而是以整体农耕生产环境和生活环境的持续利用和保护为目的的关系。和顺人自古至今频频离家出走经商，另谋生计，便是对家乡盆地耕种有限、容量有限有清醒的认识后所做的明智选择，从而促使其狭小、良好的生态居住环境仍旧保持至今。

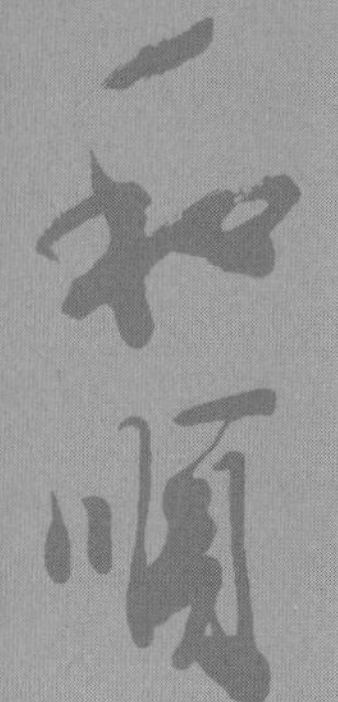

出外经商　回家建房

——和顺乡的聚落环境容量

一、走出来的和顺侨乡

和顺乡几乎人人都是侨眷侨属。在这个近6000人的聚落里，有一万多人侨居海外，遍及欧美及亚洲的13个国家和地区，使和顺形成一个小小的外向型社会。海外游子带回来的四海信息和先进的科学知识，形成了和顺人开放的文化心理意识，使地处西南边地的和顺，在保持中原汉文化主流特色的前提下，又流露出融汇西方外来文化的吸纳姿态。

（一）和顺乡聚落的环境容量

和顺之所以成为华侨之乡，完全是因为生存空间、环境容量的限制而走出来的。

环境容量是聚落选址时应考虑的首要因素之一。所谓环境容量，就是指的区域环境可容许的生态扩张度。在区域环境中，对生态扩张起限定性作用的主要因素又是土地资源和水资源。《管子·霸言》篇说：“地大而不为，命曰土满；人众而不理，命曰人满。”战国时的商鞅指出：“民过地，则国功寡而兵力少。”阐明了人多地少、农业供给不足以养活军队而会出现“兵弱国危”的道理。这种对人口与土地辩证关系的认识，预见了在一定的自然环境中，人口过多或无限增长可能带来的弊病，主张聚落的营建、发展规模应与土地资源和自然环境的容量相平衡。

环境容量对于人们来说是非常重要的，因为这涉及人们与他所生存、居住空间之间的关系。人们生存的可能性、人们的生理和心理健康、人们的幸福等等，都有赖于他和生存空间的关系[①]。

---

① 转引自吴良镛：《人居环境科学导论》，第249页，中国建筑工业出版社，2001年版。

聚落的环境容量是各种因素综合作用的结果。一方面，经济因素使人们趋向于集中，而另一方面，人自身的生理因素使人们趋于离散，而社会因素和美学因素，则使人与人、建筑与建筑之间处于最佳的状态。

今天成为西南边地华侨之乡的和顺，与聚落环境的容量限制有着十分密切的关系。由于山多田少，耕地有限，当在有限的自然环境范围内满足了一定人口规模居民生活的温饱需要外，很难以继续承受随之不断扩大的村居人口的生存压力。迫于这样一种环境现实所造成的生存危机，为了维持和控制聚落住区内人口数量和仅有的土地容量的平衡关系，所以，离家出走、到外地谋生也就成为不得已的选择。正如和顺旧时《劝世歌》（又称《阳温墩小引》或《吹烟书》）中描述的那样：

不得已，为家贫，不能不走。
……
自明时，到今朝，流传已久。
此乃是，吾乡人，衣食计谋。
……
吾乡中，田地少，而且薄瘦。
有一个，好办法，献与用俦。
两弟兄，分一人，往外游走。
……

于是，为了家贫，不得不离家出走，最直接能挣些钱解决生计的办法就是“穷走夷方，急走场”。尽管夷方有蛮烟瘴雨、毒虫瘟疫、兵匪强人，但那时候的和顺人，对“走”总是充满了希望与梦想。

（二）和顺人生存的发展之路

一块土地上只要经过几代的繁殖，人口就到了饱和点，过剩的人口自然得宣泄外出，另辟谋求生存的新地。和顺乡一地，自明代正统十三年（1448年）以后，人口就不断增加，而和顺乡四周是火山熔岩台地，小小盆地中又有大片水域，可用于耕种的土地却十分有限。有限的耕地，难以承载不断增长的村居人口的压力，人口增长所造成的生存危机，迫使和顺乡人不得不谋求生存的新路子。

从清代开始，和顺乡人带着希望，一批接一批离开家园，远走异国他乡。“走走走，走到缅甸抓卢比，一百缅币换得六十几……”发财，翻

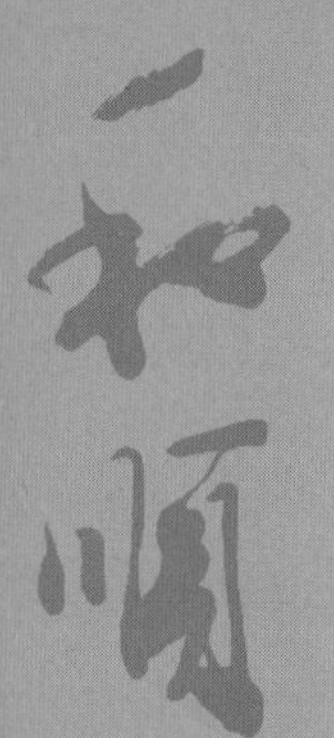

身，衣锦还乡，成家立业，全靠一个走字，世世代代的和顺人对“走”充满了期待与梦想，成了那个时代人们的一种生存方式，更何况腾冲和顺本身就处在通往缅甸的边关和交通要道上，方便出走。

究其原因，从客观方面来说，首先，是随着人口的自然增长，和顺乡的可耕土地有限，单纯依靠农业，生活难以为继，不得不另谋出路；其次，是在新旧朝代的更替过程中，因时局的动荡所造成的民心不稳，也只有离乡出走；第三，是腾冲与缅甸毗邻，且缅甸土地肥沃，地广人稀，物产丰富，生存发展的空间比较广阔。加之明代以后进一步扩大了中缅贸易，特别是在明代正统年间以后，形成“珠宝石家海内闻，雄商大贾集如云”的兴盛局面，使腾冲成为珠宝玉器的集散地。

按照生物可容量理论，任何一块土地对生物的承载量都是有限的，当一块土地的生物容量达到极限时，那块地方的发展就开始呈下滑趋势；当生物容量在一半时，那块地方的发展就呈最好状态。和顺人多地少，如果所有的人包括后续不断繁衍的在内，都守着这块有限的田地，任由你怎么勤劳辛苦，发展必然会受到限制，而流动可以在有限的土地上实现最大的发展，这如同国内近年来从几个人口密集区如四川等地向外流动的民工潮，也是为了缓解在当地生存的压力。试想，假如不是年年不断的向外出走，以和顺乡仅有的耕种田地、纯粹的农耕小生产经济，要在和顺乡16.18平方公里的地块上，完善相当规模的汉文化从物质到精神的集中展示地，单凭村内自给自足的农耕收入，显然是力不从心的，当然也不会有今天保持如此良好的自然生态环境、如此丰富的人文景观和多元的文化积淀。

从主观方面来说，和顺乡人的祖先们，从明代初期开始就经常出入缅甸，甚至常驻缅甸，与缅甸结下深厚的历史情缘。他们熟悉缅甸情况，精通缅甸语言。据《腾越州志》记载：“和顺乡，周围不满十里，离城七里，居民稠密，通事（即翻译）熟夷语者皆出其间也。”另外，和顺乡人具有一种坚韧不拔、吃苦耐劳的高贵精神。引用当地一位老华侨的话：“我中华民族遍及五大洲，不论到哪里，都能立足，全凭耐心、勤奋、苦干方可有成。在世界上，自己不艰苦奋斗，谁会可怜你？即使有人来为你引路，也要靠自己走呀！用自己的血汗赚回来的钱财，才有价值，也才有人钦佩你、亲近你。努力奋斗，事业总会成功的，虽经波折，不灰心，不泄气，真可谓路不行不到达，事不做不会成。”

实际上，“走”也意味着一种精神上的断乳[①]。在腾冲和顺乡人世代

① 王洪波、何真：《百年绝唱——一部早年云南山里人的出国必读》，载《山茶人文地理杂志》，第20页，1999年6期。

出“走”的生活观念和社会习俗中，已经建立了一种“走”的文化。因为，他们最早体会到，只有流动，只有“走”，人的观念才能产生适应的调整，从而才能促进整个社会的开放与发展。故从明代中期起，和顺乡外出经商谋生者代不乏人（主要到缅甸，然后再从缅甸扩展到其他国家）。经过艰苦创业，在海外涌现出不少雄商巨贾和有识之士。所以，当他们中的不少人积累了相当资金后，转而投入部分资金进行家乡建设，理应是国人爱国、爱乡桑梓之情的自然延伸，同时也注入恋乡文化情结于居家精美的民居建筑、庙宇祠堂中，一解长久居住国外怀念家乡之苦的愿望。有了经济实力，必然反哺于乡梓后代教育程度的提高，尤其重视乡土教育与走出家门、国门教育相结合，使得和顺乡人才辈出，从而促进了和顺教育整体文化素质的再提高。

这些海外侨胞对和顺家乡的乡村建设、文化教育和先进科学技术所做出的诸多贡献，使和顺成为西南边地著名的华侨之乡、文化之乡。智慧的和顺人就是在这样特殊的环境容量限制下，把握住了扩大自身生存空间、增加人生机遇的要诀。

于是，我们今天可以看到一个由历史、文化、军事、经济在有限的地理空间中挽成一个圈的、互为完善、缺一不可的特殊聚落，以及由此展现出来的和顺人生存发展的文化生态链。聚落内的各种建筑物和构筑物可谓是整条文化生态链上的相互紧扣的一个个链环，也可说是和顺历史文化的物质载体。通过这一载体，我们所看到和感受到的和顺，不是简单的材料和物质的组合存在，而是汉民族物质文化和精神文化在边疆的聚焦与亮点。

二、出外经商的辛酸

如果说和顺乡聚落的形成、发展是靠移民戍边的“军户”的话，那么，和顺乡的兴盛依靠的则是侨商。侨商给和顺乡带来开放的观念、竞争的意识和经济的支撑。如果没有侨商经济的支撑，很难说会有和顺乡今日的面貌。李根源先生曾赋诗赞道：

十人八九缅经商，
握算持筹最擅长。
富庶更能知礼仪，
南州冠冕古名乡。

（一）穷走夷方，急走场

“穷走夷方，急走场。”这里的“夷方”最早是指缅甸的八莫、瓦城（今天的曼德勒）等地，“场”是指缅甸北部的一些玉石、宝石矿山和银矿厂。这表示着和顺乡人走向侨商的一种生活选择。

刘易斯·芒福德曾经说过：“就形式而言，村庄也是女人的创造，因为不论村庄有什么样的其他功能，它首先是养育幼儿的一个集体性巢穴。”又说：“女人利用村庄这一形式延长了对幼儿的照顾时间和玩耍消遣的时间，在此基础上，人类许多更高级的发展才成为可能。稳定的村庄形式较之一些由小型人口群落结成的松散的、游动性的联合形式有一个很大的优点，它能为人类的繁衍、营养和防卫提供最大的方便条件。”

和顺乡一代代“走夷方”的人，都是在和顺乡这个巢穴里降生，在这个巢穴里成长，并在接受了一些初步的学习教育以后，才踏上“走夷方”的路。

男人们长大后，都必须出门走向夷方，这里面包含着希望和追求，也包含着痛苦和无奈。出走的结果是，女人们留守在家中，一年年，甚至是一代代地守望着。“白天守一口锅灶，夜晚守一盏青灯。”是故，在腾冲流传着这样一首民谣：“有女莫嫁和顺乡，才做新娘就成孀。异国黄土埋骨肉，家中巷口立牌坊。”而这留守的目的，就是守住人们出生和成长的“巢穴”，让这个巢穴或是这个家，保持对远走夷方游子的吸引和呼唤。

中国人有叶落归根的生活传统习惯，对于和顺乡人来说，这根就是家，一个生养自己，并且要自己延续香火后代的那个小家，是家乡，是和顺。每当和顺乡远走夷方的游子们从他们翻过“隔娘坡”的那一刻起，就是想着要归来的。他们在夷方历尽艰辛万苦，积攒着每一个卢比，就是为了尽早归来。即便那些回不来的人成了望乡鬼，据说他们在缅甸的坟墓也是朝着家乡方向埋葬的。

而能够归来的游子，一般都怀有三种心态：一是归宿感，实现与家人团聚的向往；二是认同感，实现对自己祖先血脉的认同；第三是成就感，不仅仅是获取了相应的财富，而是对从贫寒发家的艰苦奋斗历程的追忆和自诩。与此同时，回归家乡的游子们，通常也表现出三种行为特征，即：对自己家庭的经济补偿，或起房盖屋，或添置家用器物，进一步改变原有的生活状态；对社会的报答，修建祠堂和村落公共道路，或捐资助学；对自身的再修养，把自己奋发图强的成长经历和在生活中所体验到的人生哲理，传授给下一代。

重农轻商，本来就是根深蒂固的传统观念。和顺乡人为什么会发生从

"耕读传家"到"走向侨商"这么一个历史性的大转变，其主客观原因，前面已作了具体的分析。如果说我们还不满足于笼统地从前面所分析的内容，去观察和顺乡人在转向侨商方向发展的奋斗历史，而要想深入到他们的内心深处，去弄清楚导致他们如此选择和行动的缘由的话，那么，长期流传于和顺乡民间的一本小册子《和顺劝世歌谣》，即是为我们开启着的了解窗口。虽然它算不上是什么经典名著，也不知具体为何人所作，但却是和顺乡人世世代代生活体验的凝集，集中体现出和顺乡人所追求的人生价值。透过它，我们可以从多方面领悟到和顺乡人为生存而外出、而奋斗的历史写照。

作为一种朗朗上口的歌体式民谣，《和顺劝世歌谣》具有明显的劝世、警世的作用，其内容通俗易懂，既有修身齐家、忠孝为先的道德家风、道德规范和家国一体，明德至善的汉文化精神说教，又有勤耕苦读、世代流传的以农为本传统生活方式的表达。如《歌谣》中说："有父母，得孝顺，无过无咎。有子女，得教训，和顺刚柔。这才是，天伦乐，无焦无愁。""小比大，家比国，如同一俦。有德者，富与贵，子孙长守。""读书人，肯用心，诗书读透。自古道，黄金贵，书内搜求。种田人，勤耕耘，工夫用够。到秋来，自然得，加倍丰收。"等等，而更多的内容则是在谈论外出经商、创业的酸甜苦辣，并以最俚俗的语言，劝导人们以礼教来限制私欲和不良社会风气的膨胀，把仁爱当做全体和顺乡村民生活的行为准则。这无疑是一代一代的和顺乡人用血和泪谱写出的一部生活教科书，曾被誉为"云南山里人的出国必读"，其中的人生哲理十分耐人寻味。

（二）《和顺劝世歌谣》

《和顺劝世歌谣》，又名《阳温墩小引》，为善书唱本，十字句，三三四句式，下句押韵，一韵到底。此唱本，大约写成于清道光年间，惜作者未留下姓名，口碑相传，为和顺乡中大石巷一寸姓旅缅华侨先辈所撰，在和顺与旅缅和顺华侨中广泛流传。

《和顺劝世歌谣》实录了清代和顺乡男子从出生、成长到出国谋生的各种生活经历，富有时代风貌，深深地打上了历史烙印，真实地反映了当时的社会生活，为后人留下了一幅清代和顺人旅缅谋生的生活画卷。它虽然是一本用村言俚语写成的一部告诫乡中子弟、易于流传的劝世歌谣，但却是研究那个时代腾冲旅缅华侨生活实况不可多得的文字资料，弥足珍贵。

自从该书问世后，不断有人传抄。传抄中，亦不断有人对唱词作了修改补充，有的还增添了内容，但在总体方面，始终保持着原貌。我们所

见到的几个抄本，书名不尽相同，有《吹烟书》。《十字句》、《西江月》、《劝孝歌》等等。此次所引用的，采用和顺黄果树巷寸尊光先生于清光绪三十年（1904年）的手抄本《吹烟书》。整理时，尽最大可能保持抄本原貌，仅对颠倒字句、漏字据其他抄本补正并改了错字，并对少数词语作了必要的注释。

《和顺劝世歌谣》[①]

世态更迁不古，
出门不肯回头。
几句俚言劝众，
但愿乡人莫诟。

自从盘古分天地，
三皇五帝定朝机。
前来后换我不计，
听我且把新文提。

自从那，盘古王，分了宇宙。
前三皇，后五帝，夏后商周。
周天子，八百载，果算长久。
汉高祖，做天下，四百春秋。
享年高，享国长，上天垂佑。
小比大，家比国，如同一俦。
有德者，富与贵，子孙长守。
刻薄者，岂可能，受得到头。
舜皇帝，耕历山，苦辛尝透。
汉文帝，亲有疾，尝药心忧。
周仲由，负米粮，百里奔走。
曾夫子，母啮指，不敢停留。
汉黄香，尽子职，年纪尚幼。
闵郯子，披鹿衣，猎人怒宥。

① 标题为编者所加。

崔家妇，孝事亲，乳姑不休。
有董永，卖己身，殡葬父柩。
有吴猛，恣蚊饱，以解亲忧。
有陆绩，事亲孝，怀橘在袖。
有王褒，闻雷鸣，到墓哀求。
有江革，负母亲，避难逃走。
有王祥，卧寒冰，去把鱼求。
有蔡顺，采黑椹，赤眉嶙佑。
有江诗，为母病，舍侧鱼游。
有孟宗，求冬笋，上天默佑。
朱寿昌，为寻母，愿把官丢。
有郭巨，愿埋儿，供养亲口。
有丁兰，亲亡故，刻木报酬。
有杨香，打猛虎，曾把亲救。
庾黔娄，为母病，尝粪心忧。
老莱子，舞彩衣，亲开笑口。
黄庭坚，为太史，涤亲溺瓯。
二十四，孝顺歌，留传已久。
劝今时，为人子，当思效求。
父母恩，好一似，天高地厚。
在一日，孝一日，岂可远游。
不得已，为家贫，不能不走。
游有方，急早还，以解亲忧。
我中华，开缅甸，汉夷授受。
冬月去，到春月，即便回头。
贩棉花，买珠宝，回家销售。
一家人，得团圆，无焦无愁。
自明时，到今朝，流传已久。
此乃是，吾乡人，衣食计谋。
为什么，到如今，不同古旧。
出门去，把亲恩，付之东流。
离家乡，数十年，还不算久。
住瓦地[1]，似登览，凤阁龙楼。

① “瓦地”：指缅甸曼德勒，华侨称瓦城。

尔父母，虽有你，如同不有。
无子的，还不消，白白忧愁。
你的妻，望与你，百年相守。
谁知道，似孤寡，独卧孤舟。
我把你，父母恩，讲个彻透。
生育恩，劬劳苦，细说根由。
十月内，怀着胎，形容消瘦。
茶不思，饭不想，日夜担忧。
病恹恹，不思想，女工刺绣。
昏沉沉，活懒做，懒把线抽。
待等到，十月满，临盆之后。
那时候，更加添，百倍忧愁。
怕的是，大限来，阴司路走。
怕的是，阎君爷，来把命钩。
娘奔死，儿奔生，活不虚谬。
此乃是，妇人的，生死关头。
要等到，儿离了，娘身之后。
那时节，无忧虑，才把心丢。
做三朝，请月客，呼亲唤友。
你的娘，在房中，好似罪囚。
每日里，卧床上，只把儿守。
在月内，好计较，赤足蓬头。
儿睡干，娘睡湿，不离左右。
昼夜里，常换洗，几条裙绸。
一把屎，一把尿，不嫌味臭。
半夜哭，半夜哄，不敢闭眸。
倘生在，富贵家，银钱广有。
己身边，常不离，使用丫头。
每日里，三餐饭，丫环送就。
到晚来，点明灯，梅香上油。
抑或是，妯娌多，心怀古旧。
家园事，有他们，去帮应酬。
若生在，贫寒家，米无升斗。
领着儿，睡床上，珠泪常流。

任你哭，有谁人，管你好丑。
任你气，有谁人，与你分忧。
娃娃哭，急忙忙，将乳喂够。
出房来，哪顾得，露面抛头。
想吃饭，也还要，自己动手。
无油盐，和柴米，自己应酬。
贫寒家，养儿女，辛苦尝透。
为人子，念及此，岂肯远游。
自从儿，落下地，定了时候。
哪一时，不带着，几分忧愁。
请先生，定四柱，子午卯酉。
贵和贱，关与煞，细细搜求。
倘若是，关煞多，凶星恶宿。
或拜佛，或许愿，常把神求。
生育苦，说不尽，难以表透。
再把那，抚育恩，细说根由。
襁褓时，不过是，常抱在手。
到会说，到会走，一喜一忧。
喜的是，会说话，渐可引诱。
喜的是，会走路，母得行游。
忧的是，怕出门，独自行走。
忧的是，无人领，闯着马牛。
忧的是，爬高处，跌破头手。
忧的是，怕着寒，伤风咳嗽。
忧的是，遇歹人，拐往他州。
更忧者，铁门坎，出花出痘。
此乃是，小人的，生死关头。
若遇着，年时好，出得清秀。
儿轻减，父母心，可以无忧。
倘若是，年时恶，出得密厚。
父母心，好一似，打破孤舟。
儿身旁，哪一时，敢离左右。
父母心，哪一时，不费思筹。
许供花，许换水，许朝北斗。

愿行善，愿补路，愿把桥修。
早烧香，晚拜佛，不住叩首。
供斋食，烧钱币，常磕勤头。
所忧者，怕的是，眼中出痘。
更忧者，怕的是，出在咽喉。
求名医，开单方，无处不走。
买药草，买果品，脚不停留。
日不眠，夜不睡，通宵达昼。
真果是，过一年，如过三秋。
求天地，拜神灵，暗中保佑。
痘痊愈，买三牲，报答恩酬。
要等到，结了痂，净澡之后。
出了花，又才得，丢心一头。
儿出花，父母心，焦一个够。
为人子，念乃此，岂可远游。
此乃是，二三岁，年纪尚幼。
待等到，八九岁，另有思筹。
幼不学，老何为，如同马牛。
弹棉花，纺线子，苦把钱凑。
强送儿，到学堂，去把师投。
聪明的，不数年，诗书读就。
伶俐的，不数年，读到春秋。
真乃是，聪明子，人人夸口。
父和母，这才得，喜上眉头。
若是那，愚蠢的，天资本丑。
纵然丑，父和母，岂肯罢休。
读到了，三五年，真真不就。
那时节，莫奈何，才把书丢。
有一等，生得来，将将就就。
贪玩耍，偏不习，正经门头。
在学堂，不读书，与人争斗。
惹得人，上门来，吵闹不休。
又怕他，邀约人，偷鸡摸狗。
又或是，去荒郊，偷马盗牛。

父和母，只料他，去把学就。
那先生，只料他，有甚门头。
自古道，一日三，三日成九。
父母知，先生晓，岂肯罢休。
先生打，不过是，常规责究。
父母打，动真怒，气结咽喉。
若是那，改悔的，一次之后。
说此去，苦读书，定把心收。
若是那，贪玩的，不知自咎。
任你打，随你骂，全不知羞。
虽贪玩，不过是，年纪八九。
父母心，虽忧气，还有叹头。
待等到，十岁外，二十之后。
恐怕他，年纪大，自做自由。
那时节，也会去，结交朋友。
过相规，善相劝，声气相投。
怕的是，不择人，不知好丑。
近朱赤，近墨黑，会去效尤。
又怕的，被歹人，前来引诱。
好一似，深潭里，设下钓钩。
小人交，甜似蜜，手挽着手。
或打数，或掷骰，不顾害羞。
输钱人，他只为，赢钱起首。
输钱人，心儿里，百计营谋。
倘若是，家富足，不致出丑。
怕的是，家贫寒，去把人偷。
自古道，奸近杀，赌近盗寇。
子不肖，定连累，父母含羞。
又怕的，好贪淫，猜拳吃酒。
每日里，在醉乡，正事不谋。
又怕他，恋女色，男女授受。
落在那，迷魂阵，不知回头。
又怕他，结交着，吹烟朋友。
年纪轻，上了瘾，干筋瘦猴。

又怕他，气血刚，好争好斗。
动不动，就逞能，雄气赳赳。
又怕他，前世冤，窄路相斗。
打死人，告到官，定做死囚。
受尽了，千般苦，披枷戴扭。
父和母，只气得，吊颈抹喉。
又怕他，没天理，大秤小斗。
又怕他，忘根本，偷马盗牛。
以上的，慨都是，人生疾疚。
父母心，无一时，不带忧愁。
为人子，念及此，当思回首。
为人子，念及此，岂可远游。
又讲到，婚姻事，更在费手。
窈窕女，人人爱，君子好逑。
有钱的，说亲事，十说九就。
无钱的，说亲事，费尽绸缪。
倘若是，子弟乖，人品优秀。
自古道，挑子弟，不挑田丘。
怕的是，家贫寒，子弟又丑。
或吹烟，或嫖妓，正事不谋。
说东家，不能成，西家不就。
又怕的，说不成，去往他州。
乃至到，说成时，气已淘够。
你思想，父母心，何等忧愁。
自请媒，到了那，迎亲之后。
不知道，费尽了，许多绸缪。
请媒人，不住的，作揖拱手。
买糖食，和乳扇，带礼要周。
或骑马，或坐轿，诸事备就。
跟随的，常不离，使用丫头。
媒人去，又怕的，女家变口。
得来了，口八字，才把心丢。
请先生，合八字，子午卯酉。
又怕的，合不得，上上婚头。

合得婚，才备办，耳圈宝扣。
红八字，要到家，才算不浮。
光阴速，又到了，标梅之后，
自古道，男大婚，女大难留。
择定了，好日子，良辰吉宿。
请媒人，到女家，去把亲求。
说亲时，媒已曾，夸下大口。
到迎亲，只得是，苦苦哀求。
过财礼，莫奈何，告贷亲友。
钱不就，方动了，祖根遗留。
典房屋，卖地基，或当田亩。
抑或是，卖山地，或售耕牛。
前几月，订碗盏，又订吹手。
雇轿子，还要雇，抬轿班头。
买柴米，买菜蔬，油盐茶酒。
少一样，也不得，买办要周。
到如今，风俗变，不同古旧。
闹门面，爱排场，都是虚浮。
八大碗，平头席，还不合口。
还要加，二三盘，山珍海头。
说不尽，迎亲事，难以讲透。
父母心，亦非是，可以无忧。
殊不知，迎亲后，更难丢手。
再把那，焦心处，细细搜求。
焦媳妇，不会那，女工刺绣。
焦媳妇，不会那，灶脑锅头。
焦的是，不孝顺，忤逆禽兽。
焦的是，不和睦，妯娌结仇。
虑的是，不知道，留前积后。
焦的是，不惜省，柴米盐油。
焦的是，好偷闲，东游西走。
虑的是，好懒惰，门外闲游。
焦的是，论是非，口舌就有。
倘若是，不怕事，吵闹不休。

更望者，有子孙，承先启后。
领孙男，和孙女，以度春秋。
不焦心，除非是，闭了眼口。
不焦心，除了是，到死方休。
父母恩，可真是，天高地厚。
为人子，念及此，岂可远游。
吾乡中，出门人，十有八九。
任你说，尽他劝，难以深留。
讲一讲，离别情，分手之后。
古言道，分离事，万般苦愁。
几日前，不住的，嘱咐勉懋。
叫一声，我的儿，细听根由。
非容易，抚养你，十七八九。
要时常，把父母，记在心头。
在途中，切不可，与人争斗。
一路上，切不可，与人结仇。
酸冷物，不可吃，十分忌口。
以免得，染疾病，使我心忧。
过夷山，要留心，凶恶野兽。
最怕者，遇歹人，被他所谋。
至此时，野人山，有官镇守。
那野人，又不敢，动其戈矛。
去来的，也到得，放心走走。
如此时，出门事，少焦一头。
到瓦中，你去把，某人来就。
尚咐他①，找与你，一个门头②。
年轻人，切不可，性气傲扭。
结交人，切不可，心高气浮。
与人交，要交那，正经朋友。
遇着那，不好的，切莫效尤。
见长者，要恭敬，徐行缓走。
凡说话，莫高声，要念温柔。

① “尚咐他”：请求他的意思。
② “一个门头”：一个工作、一个做事的地方。

学夷话，要留心，常念在口。
学写算，要时刻，记在心头。
做生意，要公平，不欺老幼。
切不可，使尽了，奸巧计谋。
挂账簿，要留心，以免遗漏。
放外账，要脚勤，时刻催收。
买货物，要分清，贵贱好丑。
有起跌，要打算，当卖当收。
第一件，切不可，吹烟吃酒。
第二件，切不可，懒惰闲游。
有花街，和柳巷，切不可走。
切不可，效他人，赌钱抽头。
切不可，忘天理，大秤小斗。
切不要，使奸巧，轻出重收。
凡百事，要领教，先达老叟。
切不可，自逞能，自作自由。
年轻人，若能够，老成不苟。
自有人，提携你，合伙营谋。
做好人，自然有，上天庇佑。
做好事，自然有，天地鸿庥。
得了利，莫深贪，即当脱手。
切不可，心不足，不知回头。
一二载，即转折，不可住久。
纵去远，亦只可，两载三秋。
哪一件，不叮咛，嘱咐说透。
为人子，念及此，且可远游。
又讲到，枕边事，夫妻分手。
提起了，出门事，气硬咽喉。
听说是，夫出门，暗地加忧。
枕边上，不时的，珠泪常流。
是姻缘，奴与你，才得配偶。
生同床，死同穴，一竿到头。
奴只望，与夫君，百年聚首。
谁知道，半路上，把奴来丢。

从此去，有苦甜，与谁讲究。
从此去，家务事，有谁应酬。
最要者，不可贪，外国花柳。
老缅婆，望夫君，视之如仇。
吾乡中，安家人，通明透彻。
半达子[①]，好一似，鹦歌猿猴。
奴望夫，早回归，甜苦共守。
你丢奴，去一月，犹如三秋。
堂上的，公婆老，年纪衰朽。
膝下的，儿女幼，谁是管头。
家中事，奴虽然，粗知好丑。
纵能为，奴终是，一个女流。
自古道，一夜恩，夫妻情厚。
百夜恩，好一似，海深山幽。
说不尽，结发情，夫妻分手。
念及此，也应当，早早回头。
起身时，在堂前，忙忙叩首。
一家人，话难说，气硬咽喉。
抛父母，别妻子，吞声行走。
众亲友，同送到，官坡路头。
官坡头，好一似，阴山背后。
过此地，把家乡，一概全丢。
别练人，亦非是，不往外走。
住的是，中华地，何等悠游。
我乡人，住瓦地，辛苦尝透。
最凶险，过夷山，时刻担忧。
在从前，不过是，要些烟酒。
或讲事，或要岗，阻住软求。
照那时，才算是，抢人堂口。
动不动，就放枪，就使戈矛。
让不开，扎起营，两下争斗。
或打败，或赔事，才把兵收。

① “半达子”：华人同缅人结合所生的混血儿。

也有那，围困到，数日之后。
粮米尽，只饿得，口水长流。
受饥饿，受风霜，面黄皮瘦。
到蛮莫，又焦着，过水乘舟。
怕的是，船只小，木头腐朽。
又焦着，遇大浪，逢着飓风。
又焦着，沿江边，躲着贼寇。
半夜里，不提防，来把船钩。
自古道，三分命，骑马乘舟。
身子儿，好一似，水上萍浮。
一路上，凶险事，明如窗牖。
念及此，也不当，贪念远游。
亦非是，一概的，不肯回首。
亦非是，一概的，想往他州。
为的是，风俗变，无人拯救。
为的是，太奢华，心向虚浮。
于中的，坏事处，贫富皆有。
你学我，我学你，一概效尤。
有钱的，贪心重，不知足够。
有一千，想一万，不肯罢休。
自古道，儿孙有，儿孙福寿。
又何必，苦苦的，去做马牛。
想人生，纵命长，不过百寿。
为什么，常怀着，千岁之忧。
吾乡中，古人言，概以说透。
风水浅，十个山，九个无头。
做财主，一概是，不能到头。
自古道，富与贵，眼前花柳。
再加之，不义者，一似云浮。
想人生，气和运，有好有丑。
财本是，公众物，有散有收。
倘若是，天晴日，不肯行走。
怕的是，直等到，雨水淋头。
你有如，留下那，银钱田亩。

何不如，积些德，世代不休。
世间事，概是假，概是虚谬。
只有那，行善事，万古千秋。
劝列翁，找得钱，即早回首。
常抱着，古人言，勇退急流。
有父母，得孝顺，无过无咎。
有子女，得教训，和顺刚柔。
一家人，得团圆，时常聚首。
这才是，天伦乐，无焦无愁。
又把那，无钱的，细细讲究。
于中的，坏事处，也有来由。
自古道，货高低，人分好丑。
百个人，有百心，三教九流。
或为那，贫寒家，无人怜佑。
或为那，受困苦，难返故州。
有一等，把俗言，常抱讲究。
非是我，不回去，有个来由。
出门时，门槛低，容易行走。
进门时，门槛高，实在含羞。
因此上，住瓦城，越住越久。
因此上，数十年，不肯回头。
亲望子，岂计较，有与不有。
妻望夫，更欢喜，岂肯相仇。
俗言道，茶不涨，另移左右。
回家来，又另找，别样门头。
有一等，会买卖，生意盛茂。
偏偏的，遇歹人，把他来勾。
坏事处，非一件，约有八九。
第一件，最坏事，柳巷花楼。
胭花巷，虽说是，中外皆有。
比不得，阿瓦地，容易应酬。
一钱银，就中了，状元魁首。
进十场，有九场，名扬九州。
倘若是，染着那，杨梅疮后。

众亲朋，定将他，逐赶下楼。
独一人，卧床上，好似停柩。
送茶饭，远远的，用箬笠头[①]。
怕的是，传染着，又嫌味臭。
因此上，无人救，好似罪囚。
一见了，此等人，忙捂住口。
远远的，就让他，好似有仇。
在瓦地，中状元，真不如狗。
请想想，此等事，羞与不羞。
倘若是，请着那，太医高手。
不过是，受些苦，疾得全丢。
倘若是，请着那，太医将就。
把水银，用重了，钻进骨头。
有一等，线坏了，耳鼻眼口。
有一等，线坏了，脚手指头。
有一等，线坏了，脚底通漏。
人不成，鬼不似，好像活猴。
成了那，无用人，如木之朽。
一世人，从此去，概已罢休。
着了手，不知悔，反把人诱。
他说是，不消怕，有药易瘳。
摆白话，背古今，翻足舞手。
真果是，中状元，名扬九州。
中一次，中二次，还不知够。
要等到，两脚伸，方肯罢休。
劝列翁，未犯者，加上操守。
曾行者，当猛省，急早回头。
自古道，万恶事，淫为魁首。
有心猿，和意马，紧紧拴留。
又惜钱，又惜福，又无过咎。
不数年，定能得，回转故州。
孝父母，教子女，团圆聚首。

① “箬笠头”：用竹编成的淘米的工具，长把。

一家人，无忧虑，何等悠游。
第二件，为安家，重把婚媾。
老缅婆，果真是，害人精猴。
传烟筒，传芦叶，甜言哄透。
梳油头，搽粉面，把你来逗。
落在那，迷魂阵，无人急救。
好一似，鲤鱼儿，上了金钩。
有丈人，和丈母，要你承受。
有舅子，姨老太，供养要周。
哄银钱，喊次鸦[①],幸[②]字在口。
话又甜，口又软，卖尽风流。
有钱的，安了家，还不见究。
无钱的，安了家，难以下楼。
手艺人，又还要，勤脚快手。
生意人，要会算，要会应酬。
找得钱，只够养，缅婆家口。
父和母，妻与子，付之东流。
想回家，依然是，清风两袖。
左一年，又一年，难以回头。
若无钱，骂的话，实在丑陋。
千奎谬[③],万奎谬，奎谬得由[④]。
一家人，上前来，一齐动手。
用怕拿[⑤],打嘴巴，跨上绊头。
今也打，明也骂，打骂已够。
到官家，用些钱，把你来丢。
又有等，色痨鬼，不知良莠。
纳着了，卜丝鬼，难得干休。
到晚来，他魂魄，变猫变狗。
用特们[⑥],盖着了，汉子之头。

① “次鸦”：缅语，先生、老板的译音。
② “幸”：缅语，女姓尊称男姓“您”的译音。
③ “奎谬”：缅语狗种的译音。
④ “得由”：缅语称华人、汉人的译音。
⑤ “怕拿”：缅语鞋子的译音。
⑥ “特门”：缅语筒裙的译音。

想回家，又怕她，做与脚手。
纳着了，此种人，更难回州。
想穿吃，她才与，汉人配偶。
好女子，她岂肯，来嫁得由。
劝列翁，第二件，莫安家口。
惜省下，此项钱，早回故州。
父母欢，妻子喜，团圆聚首。
这才是，一家人，无虑无忧。
第三件，吹鸦片，普遍宇宙。
好一似，刀兵劫，把人来收。
明明的，是火坑，偏要去就。
上了瘾，才知悔，难以罢休。
中华地，外国地，各处皆有。
贫与贱，富与贵，贤愚皆抽。
有钱人，吹鸦烟，算来不丑。
众列翁，请听我，细说根由。
买烟时，不问价，只问好丑。
若烟好，不惜价，多多买留。
熬烟时，头底火，将它烤透。
煮一次，煮二次，即把它丢。
平床上，铺得来，四五寸厚。
好被盖，好垫扎，绣花枕头。
满牙枪，银鞍子，玉石吃口。
玻璃灯，新式灯，各处搜求。
铜砂斗，银门斗，墨石广斗。
伞骨签，喜欢它，有刚有柔。
好烟盘，上画着，飞禽走兽。
上镶着，金银宝，海螺骨头。
金烟盒，银烟盒，配成对偶。
坝子油，烟子大，要点茶油。
好糖食，好果品，常摆左右。
好果子，喜欢它，浸润咽喉。
好糕饼，摆满床，十全药酒。
酒饭够，又更换，香茗茶瓯。

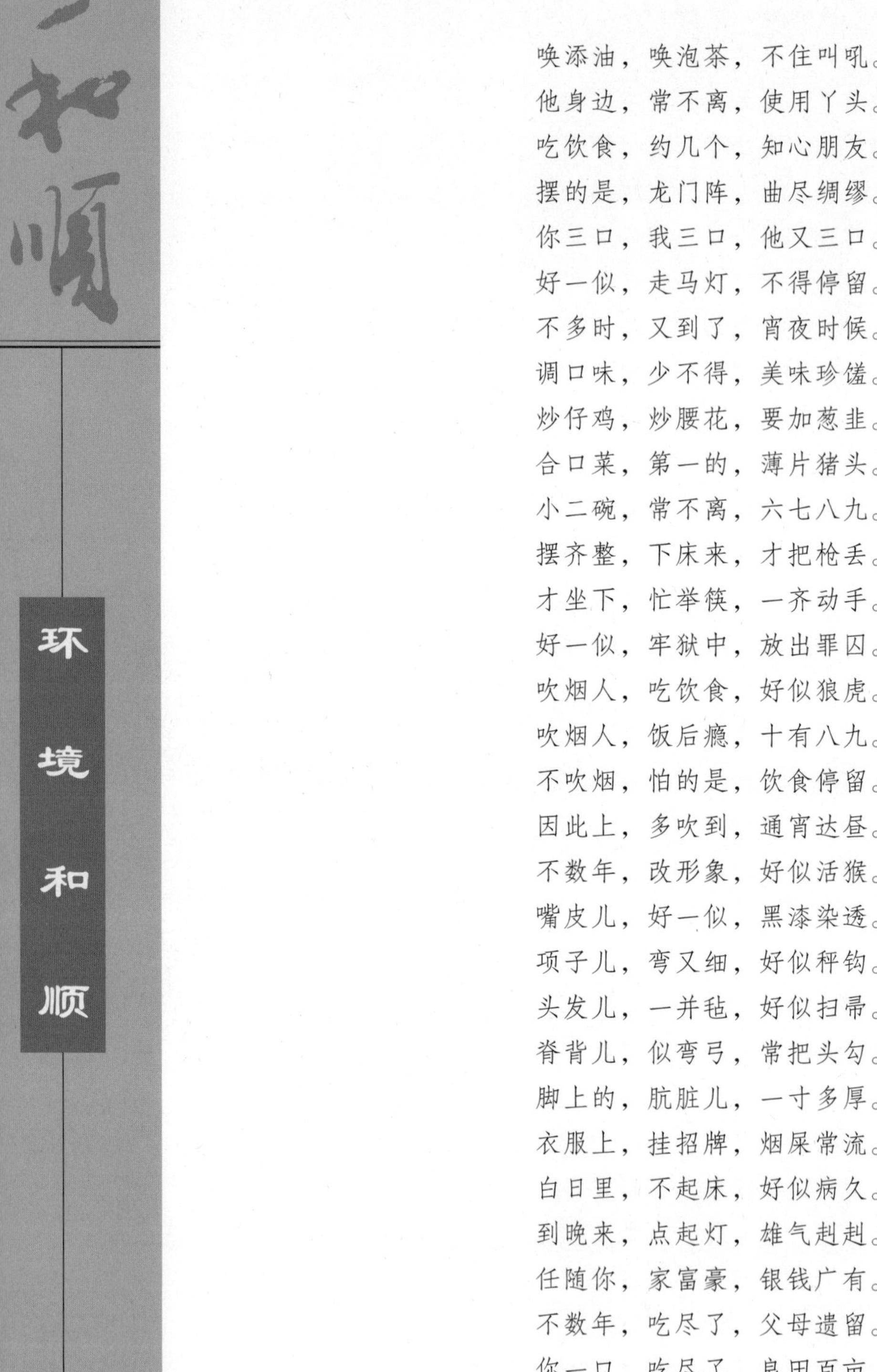

唤添油，唤泡茶，不住叫吼。
他身边，常不离，使用丫头。
吃饮食，约几个，知心朋友。
摆的是，龙门阵，曲尽绸缪。
你三口，我三口，他又三口。
好一似，走马灯，不得停留。
不多时，又到了，宵夜时候。
调口味，少不得，美味珍馐。
炒仔鸡，炒腰花，要加葱韭。
合口菜，第一的，薄片猪头。
小二碗，常不离，六七八九。
摆齐整，下床来，才把枪丢。
才坐下，忙举筷，一齐动手。
好一似，牢狱中，放出罪囚。
吹烟人，吃饮食，好似狼虎。
吹烟人，饭后瘾，十有八九。
不吹烟，怕的是，饮食停留。
因此上，多吹到，通宵达昼。
不数年，改形象，好似活猴。
嘴皮儿，好一似，黑漆染透。
项子儿，弯又细，好似秤钩。
头发儿，一并毡，好似扫帚。
脊背儿，似弯弓，常把头勾。
脚上的，肮脏儿，一寸多厚。
衣服上，挂招牌，烟屎常流。
白日里，不起床，好似病久。
到晚来，点起灯，雄气赳赳。
任随你，家富豪，银钱广有。
不数年，吃尽了，父母遗留。
你一口，吃尽了，良田百亩。
你一口，吃尽了，大厦高楼。
你一口，吃尽了，房屋园囿。
你一口，吃尽了，坟地山丘。
你一口，吃尽了，妇人衫袖。

你一口，吃尽了，父母狐裘。
你一口，吃尽了，猪羊鸡狗。
你一口，吃尽了，骑马耕牛。
但是物，都能进，小小风口。
这就是，吹烟人，好下场头。
无钱人，吹鸦烟，实在鄙陋。
请听我，一一的，细说根由。
每日里，要往那，烟堂走走。
烂席子，烂撒垫，土基枕头。
或明灯，或蛋壳，烟膏糊透。
翻塘烟，七八次，还不干休。
一钱瘾，吹五分，本来不够。
将烟子，闷下肚，紧闭咽喉。
那烟子，丝毫儿，不容出口。
忍着气，只挣得，眼泪长流。
父母使，不肯动，还要忿口。
进烟堂，尽人使，脚不停留。
好一似，烟堂中，养住的狗。
尽你使，尽你唤，全不知羞。
不过是，凑合得，吹烟几口。
家中的，衣食事，不在心头。
柴和米，也不管，有与不有。
吃淡饭，不计较，肉菜盐油。
穿衣服，不顾惜，提襟挂绺。
穿鞋子，也不管，有底无头。
他只要，把烟钱，整得到手。
点起那，长命灯，万事皆休。
又有等，向老婆，常伸着手。
倘若是，要不得，暗中去偷。
偷钗环，和首饰，衣服衫袖。
偷鞋子，偷裹脚，去换烟油。
或扭锁，或开柜，如同贼寇。
为吹烟，不和睦，结下冤仇。
又有等，小气鬼，银钱广有。

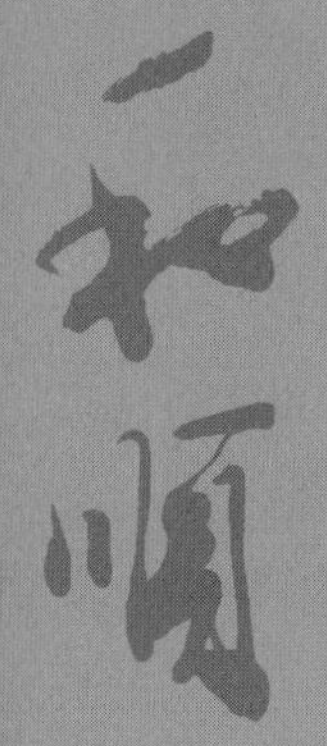

吹的是，下作烟，全不知羞。
自已的，吹五分，尽可以够。
他人的，吹几钱，还不干休。
攒着气，吹的是，太平三口。
吹一个，睡仙鹅，不肯抬头。
吹到了，三五回，他人识透。
脚步响，吹熄灯，假闭双眸。
披起衣，撒着鞋，急忙下楼。
假说道，我有事，要往外游。
到这家，不得吹，二家走走。
也不管，路远近，天晴雨流。
或人多，挤不上，伺前等后。
他不得，吹几口，死不干休。
此鸦片，可以定，人之好丑。
此鸦片，可以观，人之下流。
此鸦片，害得人，疏亲慢友。
此鸦片，害得人，礼义全丢。
此鸦片，害得人，廉耻没有。
此鸦片，害得人，干筋瘦猴。
读书人，吹上瘾，不把学就。
种田人，吹上瘾，误了耕收。
手艺人，吹上瘾，力气不有。
生意人，吹上瘾，慢了营谋。
不吹烟，尽可以，供养家口。
惜省下，此项钱，急早回头。
孝父母，教子女，团圆聚首。
这才是，真快乐，无忧无愁。
第四件，为赌钱，贪人所有。
自古道，十个赌，九个必休。
赢不上，几十文，拿起就走。
到输时，急搬本，不肯回头。
生意人，当空手，古言说透。
或现钱，或点货，不能停留。
做生意，折了本，有人怜佑。

一回找，一回折，本利全收。
输了钱，实难以，向人开口。
纵开口，不过是，白白告求。
想找本，没有钱，只得住手。
做生意，无人扯，怎样营谋。
又嫌那，做生意，长头将就。
岂比得，赌钱人，本利两收。
因此上，为财钱，正路不走。
为财钱，将生意，一概全丢。
在从前，虽说是，有赢时候。
到如今，打字的，有出无收。
输的少，赢的多，将人哄透。
好一似，支窝弓，放下羊油。
出帖子，明明的，是一个狗。
到开时，他偏说，是个泥鳅。
此一事，更在是，通明澈透。
为什么，解不开，其中缘由。
为打字，输钱的，十有八九。
劝列翁，快猛省，急早回头。
生意钱，血汗钱，才得长久。
惜省下，此项钱，早回故州。
一家人，笑哈哈，团圆聚首。
一无忧，二无虑，三无焦愁。
第五件，为懒惰，东游西走。
左一年，右一年，正事不谋。
手艺人，做活路，怕动脚手。
帮他人，做小伙，又说害羞。
做生意，又不肯，时刻坐守。
坐不上，半时辰，即把铺收。
或闲游，或睡觉，午时到酉。
不数年，把本钱，付之东流。
又有等，小生意，说他将就。
大生意，又无本，难以营谋。
因此上，数十年，难以回首。

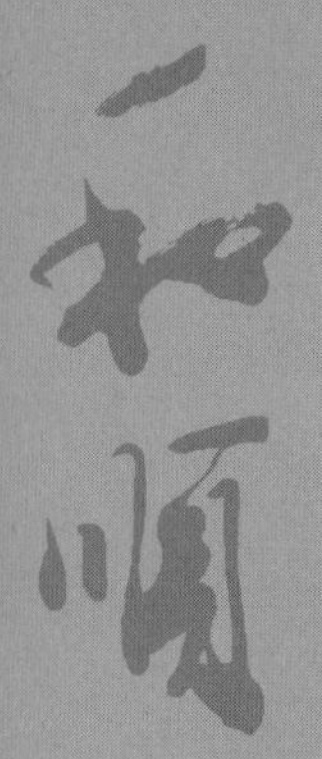

舍家乡，如敝屣，一笔销勾。
古言道，男子汉，莫为盗寇。
百行事，可以为，有甚害羞。
富与贵，皆由那，勤苦而有。
哪一个，懒惰人，造就狐裘。
当号爷，多由那，伙头起首。
大丈夫，亦要会，能刚能柔。
运不来，当要思，守时侍候。
想一想，我出门，为甚缘由。
为的是，家贫寒，才把外走。
要把那，家中事，记在心头。
存好心，自然有，上天庇佑。
不数年，一定得，回转故州。
以免得，父和母，时刻焦愁。
父母恩，劬劳苦，难以报酬。
第六件，为穿吃，本分不守。
闹牌子，爱门面，一概虚浮。
结交的，尽都是，酒肉朋友。
上汤铺，进酒馆，曲尽绸缪。
或八钱，或一两，顷刻消受。
你请我，我请你，彼此相酬。
莫乱说，些小事，何须讲究。
自古道，积狐腋，可以成裘。
布衣服，不合俗，以为丑陋。
也不分，有与无，概闹丝绸。
在从前，掌事的，老板魁首。
哪一个，效今时，尽闹丝绸。
精细的，数十年，还穿不旧。
父传子，子传孙，得以遗留。
穿衣服，只怕是，披丝挂绺。
又何必，费尽心，尽闹丝绸。
穿与吃，若能够，效得古旧。
将此项，多费钱，积攒存留。
回家去，孝父母，承欢左右。

回家去，教子女，快乐无忧。
第七件，回家去，不惜所有。
起身时，买送礼，心里思筹。
离家乡，别亲友，已经年久。
空着手，回家去，实在害羞。
任随你，不有钱，手头将就。
多少要，买一点，才肯回头。
礼物轻，还说是，拿不出手。
接礼物，亦不是，白白而收。
或买肉，或买蛋，两家授受。
你送我，我送你，彼此相酬。
这家请，那家唤，吃饭吃酒。
亦不是，白得吃，即可干休。
待等到，酬客人，更在棘手。
怕的是，请漏人，被人怨尤。
请亲戚，请家道，还请朋友。
八大碗，不合口，还加海头。
在从前，请朋友，吃饭吃酒。
或嫁娶，或春客，有个来由。
如到今，风俗变，多不讲究。
也不计，有甚事，春夏秋冬。
也不想，出门时，苦辛尝透。
回到家，用银钱，好似水流。
用尽了，又打量，阿瓦走走。
父和母，妻与子，难以挽留。
不送礼，不请客，哪一时有。
劝列翁，齐戒了，此等虚浮。
第八件，变风俗，仍归古旧。
或嫁女，或娶媳，莫要虚浮。
或人情，或拜仪，亲朋叙旧。
自古道，园中菜，胜过珍馐。
平头席，只要会，整得合口。
无非是，换下功，彼此相酬。
布衣服，若合身，洁净清秀。

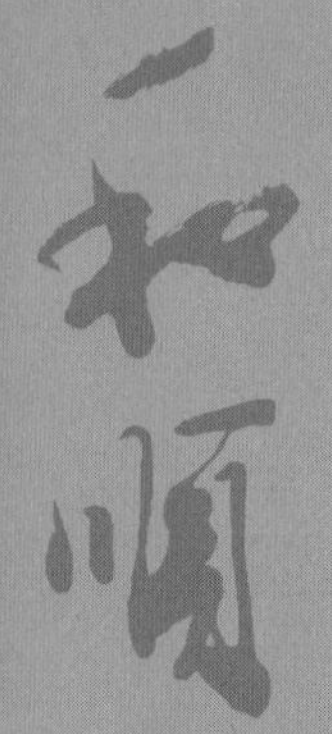

胜过那，织罗锦，各样丝绸。
嫁女儿，无非是，择婿好丑。
岂计较，聘礼物，周与不周。
财礼轻，买妆奁，将将就就。
女儿家，切不可，多要多求。
嫁人家，望的是，长长久久。
贫与贱，富与贵，前世所修。
又讲到，竖房屋，或做大寿。
空着手，去贺人，又说害羞。
父母丧，也不论，有与不有。
贫与贱，富与贵，一概效尤。
现如今，送代礼，更好应酬。
走到那，十字路，各铺问就。
赊红糖，或白糖，饼子包头。
这礼物，假送人，略用机谋。
你递我，我递你，不住舞手。
内心里，只望他，不要接收。
虚人情，强鸦鸦，甜言在口。
此虚情，此假意，还送个毬。
礼未送，退店铺，老板收受。
每一包，补几文，功夫纸头。
叹此时，这风俗，真真坏透。
但不知，到哪日，不再效尤。
吾乡中，奢华事，难以讲透。
愿列翁，遵古礼，莫向虚浮。
将这些，奢华钱，供养家口。
以免得，常在外，父母焦愁。
第九件，妇女们，也当讲究。
自古道，男人找，女人积留。
别寨的，妇人家，纺织为首。
编帽子，打草鞋，各找门头。
若论到，本练人，说不出口。
见十个，有九个，擦粉抹油。
走东家，到西家，花麻料口。
巧梳妆，怪打扮，全不知羞。
钱用完，又请人，修书问候。

望夫君，早汇来，不可停留。
汇不到，由家中，告借亲友。
写汇票，到阿瓦，如数全收。
也不管，在阿瓦，有与不有。
也不管，在外的，怎样应酬。
嫁丈夫，原只望，百年聚首。
当思想，出门时，苦楚忧愁。
倘若是，勤纺织，供养家口。
以免得，在外的，内顾之忧。
今年攒，明年积，无有遗漏。
不数年，一定得，踅转回头。
父子亲，夫妻顺，团圆聚首。
以免得，守活寡，独卧空楼。
以上的，九件事，传染已久。
劝列翁，变风俗，急早回头。
吾乡中，住瓦地，福一祸九。
只消看，阿瓦地，无数坟丘。
想当日，吾腾越，分别丁口。
吾乡中，谅不至，如此虚浮。
在别练，一家人，传有八九。
吾乡中，人与物，陆续折抽。
此一事，即可知，出门好丑。
此一事，即可知，祸福缘由。
只有那，勤俭的，才能富有。
并非是，现成的，走到即收。
做生意，费心力，思前想后。
或买货，或卖货，时刻营谋。
或手艺，或帮人，不住跑走。
天气热，只晒得，汗水长流。
起五更，睡半夜，谁人怜佑。
在家中，谁人肯，如此应酬。
在家中，谁如此，勤脚快手。
一生的，穿与吃，又何焦愁。
读书人，肯用心，诗书读透。
自古道，黄金贵，书内搜求。
种田人，勤耕耘，工夫用够。

到秋来，自然得，加倍丰收。
手艺人，苦用工，不停脚手。
手艺高，自然得，名传九州。
生意人，能勤俭，赶街跑走。
早晨去，晚辰归，何等悠游。
在家中，只要能，勤脚快手。
石头山，割茅草，也是门头。
在从前，割茅草，十有八九。
或二十，或三十，各有报酬。
石头山，是吾乡，良田百亩。
勤快的，数口人，衣食无忧。
到冬月，去得远，才割得够。
在左右，没有草，概是石头。
到如今，不消远，毛草深厚。
为的是，无人割，兼没马牛。
最害人，鸦片烟，捆住脚手。
劝列翁，及种者，赶紧回头。
再把那，出门事，重言讲究。
一概是，住家中，也难应酬。
吾乡中，田地少，而且薄瘦。
有一个，好方法，献与同俦。
两弟兄，分一人，往外游走。
或者是，弟兄多，更难应酬。
在家的，切不可，好闲游走。
或士农，或工商，各找门头。
这俗言，一片心，力作改救。
请列翁，莫负我，最劳思谋。
讲山清，言水净，也略表透。
但未知，可有人，看破原由。
根深者，有阴德，即就回首。
逆男子，恶妖女，白费心愁。
不醒者，也是他，皆因无救。
孽造满，回老家，也是罪囚。
行善的，往阴司，阎君拱手。
比阳间，享福禄，快乐悠游。

万家坡陀下　绝胜小苏杭

——和顺乡聚落的构成

一、和顺乡聚落形态的构成要素

在人类聚居学研究中，聚落的形态通常指的是聚落的外观形象，主要表现在聚落平面的形式以及在空间高度上的形态，而形态的特征又通过聚落总体的骨架结构组合，以聚落的路网构成及各部分功能的关系来体现。

事物间的相互关联构成系统，而局部系统或小系统间的关联又构成更大的系统。传统村镇聚落形态正是由人—村镇—环境构成的整体系统。

从聚落形态构成上看，传统聚落是由建筑、街巷、广场等许多空间场所组成的物质集合体，聚落的形态和结构是各种因素综合作用的结果。从社会现象而言，则是人的集合体，显示出人的生活形态、生活方式。在这个系统中，人是环境的核心，建筑和村镇聚落既是总体自然环境中人工环境的一部分，也是人与自然环境相互关联的中间环节。

实际上，人与自然环境的关系存在着一种互动性。优美而具有文化氛围的聚落环境，为村民日常的生产、生活、休闲娱乐提供了有效的保证，也使居住于其间的人们耳闻目染、相互传承，增加知识和才气。而村民生活水平的提高，经济上的繁荣和兴旺，又使聚落环境得以不断被保护和完善，使其更加具有地方文化特色。

村中人对建筑和环境所赋予的含义，起到了联系人与建筑、人与聚落和环境的纽带作用，由人们所制定和遵循的文化习俗、社会伦理、审美要求及生活方式等成为组织聚落形态的重要因素。

相对而言，传统聚落形态因受周围自然环境、地理条件的制约较大，更多地表现出顺应自然环境，包括地理、地形、气候等的特点，从而在选址布局上往往更多地考虑聚落与水源、农田耕地、山川河流和地方微环境气候的关系，在满足基本的生活需要之后，一些历史沿革较长、条件较好

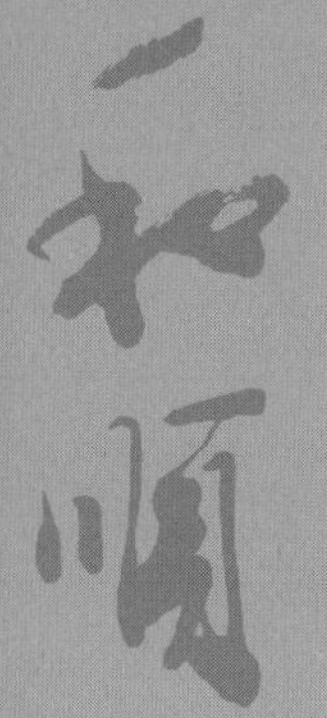

的聚落，又有目的地不断表现出体现人们追求的“规划”理想和做法。

从聚落的形成机制和构成特点看，传统聚落形态又可分为两类：一类是受地理条件、交通条件等因素限定的聚落，形态上表现出更明显的自然性和灵活性，如云南许多少数民族的自然村落；另一类则是在有规划意识指导下选址布局并逐渐完善的村落，形态上除去与自然形成相关的方面外，更多地表现出一定的文化象征意义和历史因素的渊源和影响，和顺乡聚落当属后者。

（一）自然环境的借用

在传统聚落中，周围山水等自然环境因素的围合与限定，确定了聚落的环境容量，依山傍水或背山面水成为聚落选址的总原则。这里的自然山水不仅对人居环境具有防护性功能和其他生产、生活价值，同时又具有一定的景观作用。应该说，具有审美价值的山水格局，既是聚落选址的先决条件和客观基础，也是聚落居民观赏和赞美的主要对象。从环境构成角度来看，这些自然环境往往构成了村落领域的第一道空间层次，并以村规民约制定出种种方法对其加以保护，使之与聚落形态共存。

基于环境实际，和顺乡主体村落选择布置在和顺坝子南面相对平缓的黑龙山坡地的北麓，突出部分使另外三面的山峦作为村落的外围界定，与中间开阔的田野一道，共同形成和顺乡聚落外部的自然环境空间，并在西面的马鞍山上修建文笔塔和鳌峰寺魁星阁，在东山脚下进入和顺主村落的田野乡道中，设凉亭一座（现因扩路，已拆毁），作为“水口建筑”或外景标志。

来凤山下的和顺民居

（二）人工环境的创造

人们对一个聚落的总体印象，常常是由系列的单一印象叠加起来的。而单一印象又经过人们的多次感受所形成。在对聚落的印象和识别中，很多又通过获取和接受构成聚落自然环境和人工环境的景观形象而达到。美国规划师凯文·林奇在其所著的《城市的印象》一书中，提出"道路、边沿、区域、结点和标志"为构成城市印象的五个要素。尽管城市和聚落形式各异，面貌、规模彼此不同，但构成群体空间的主要因素却是相同的。更何况城市本身也是由村落、集镇一步一步不断地发展、演变和完善而形成的。

当人们由外向内对一个典型传统聚落进行考察时，会发现构成聚落的景观要素并非一目了然，而是有先有后，聚落的内部空间也不是均质化的处理而是有层次、成序列地展现出来。由各种要素组成的聚落空间层次，主要表现在聚落周围的自然环境，即聚落村边公共建筑、村中广场、集市街巷和居住区内节点等四个空间层次。

如果从建筑实体出发，人们在接近传统的聚落时，首先感受的是水口建筑或景观标志建筑，这些建筑加强了聚落周边自然环境的闭合性和防卫性，是聚落领域与外界空间的界定标志，具有对外封闭、对内开放的双重性。按照风水选址的观念，水口建筑设置的好坏，往往关系到村镇聚落的兴衰与安危。

转过水口，再经过一段田野与自然环境，就可以看到聚落的整体形象，许多聚落在村边或主要道路旁，常常布置有庙宇、祠堂、书院、牌坊等公共建筑。这些村边建筑以其特有的高大华丽、与众不同，表现出聚落独有的文化特征和经济实力，使村边建筑又具有标志性，成为展现村镇聚落景观的重点和第二道空间层次。

当穿过一段居住区中的街巷后，在村中的核心部位，也常常可以发现一个由公共建筑围合的小广场。这一相对开放的场所，由于主要用于村民的各种公共活动，与封闭的街巷空间形成对比，构成展示聚落景观的第三道空间层次。

此外，在鳞次栉比的居住宅院中，还可以看到月台、古树、宗祠、照壁、闾门、更楼等形式的节点或转折空间，构成村民们日常活动的场所和次要中心，可以看成是聚落景观的第四道空间层次。

和顺聚落因地形、地貌条件的特殊与限定，呈现出自己独有的景观特色。对照上述四道空间层次来看，各种空间层次均有体现，但却没有完全

按序列顺序层层递进，而是更多地展现在第一、第二道空间层次中。如走过田野凉亭到达聚落主入口附近，呈现在眼前的是柳岸河堤、双虹桥、洗衣亭、方塘水井、半圆形月台，还有正对村入口处的和顺图书馆、文昌宫、土主庙，以及由此向两侧展开的闾门、牌坊、照壁、祠堂庙宇、石台石栏等等，并由蜿蜒的如同一条玉带的环村路，将这众多的景观景点，串

鳞次栉比的民居建筑

民居建筑群

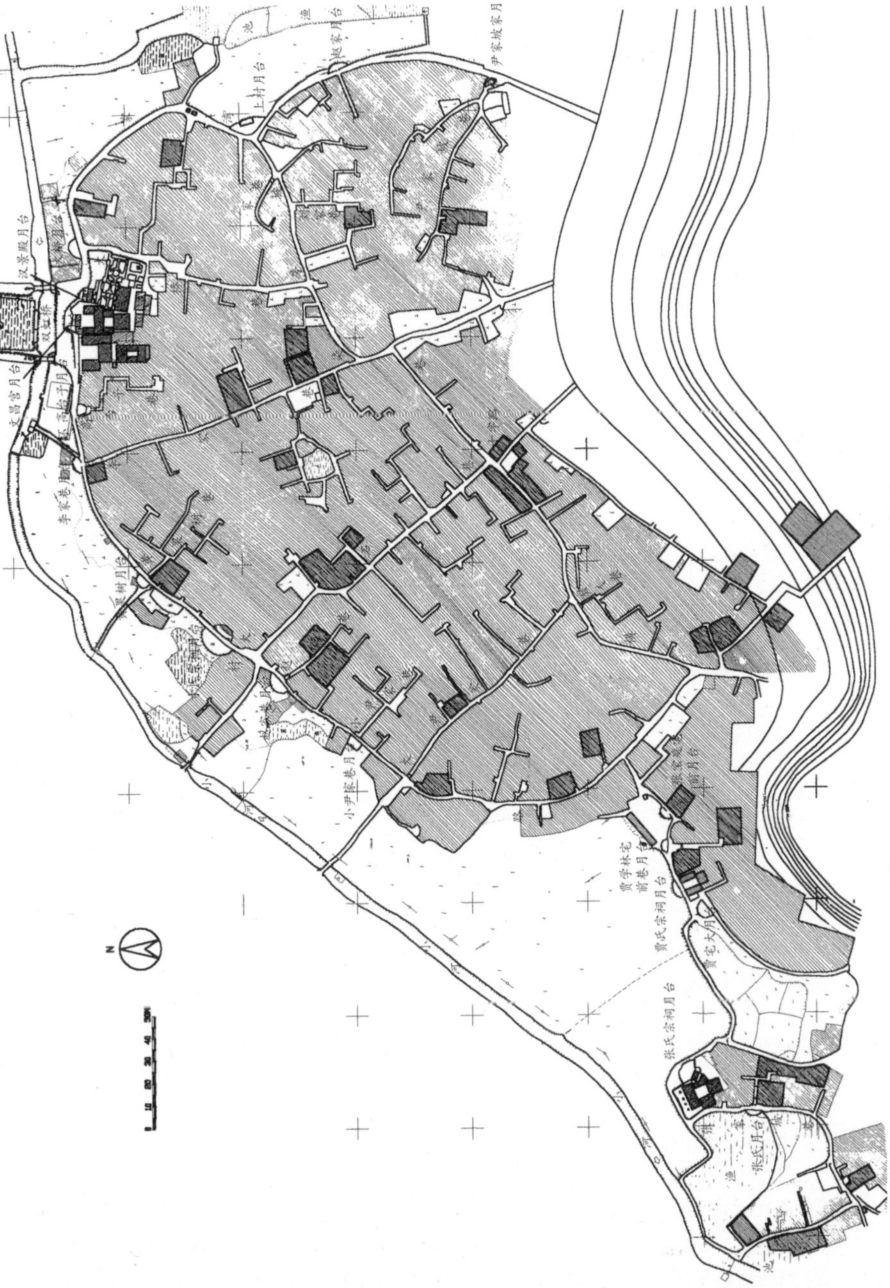

和顺乡主村落总平面图及测绘点

联在一起，与成片的民居院落形成一个有机的整体和景观带，内外兼顾，过渡自然。当站在这些位于环村道上各处的景观景点时，又可以环顾远处的山峦、河流及田坝组成的田园风光。

和顺乡聚落这一独特的边沿性景观，包括与其联系紧密、扩展至周边的自然环境和田野风光，在空间和景观构成中具有重要的作用。它给人们展示出一个鲜明丰富而又有浓厚地域特色的乡村聚落整体形象。因为最强的边沿是那些视觉明确、形式连续而且穿不透的边沿[①]。而这种边沿往往是村民重点处理和表现的地点，就好像民居宅院中的入口大门和房屋主立面，可以显示出聚落整体的文化氛围和经济基础。

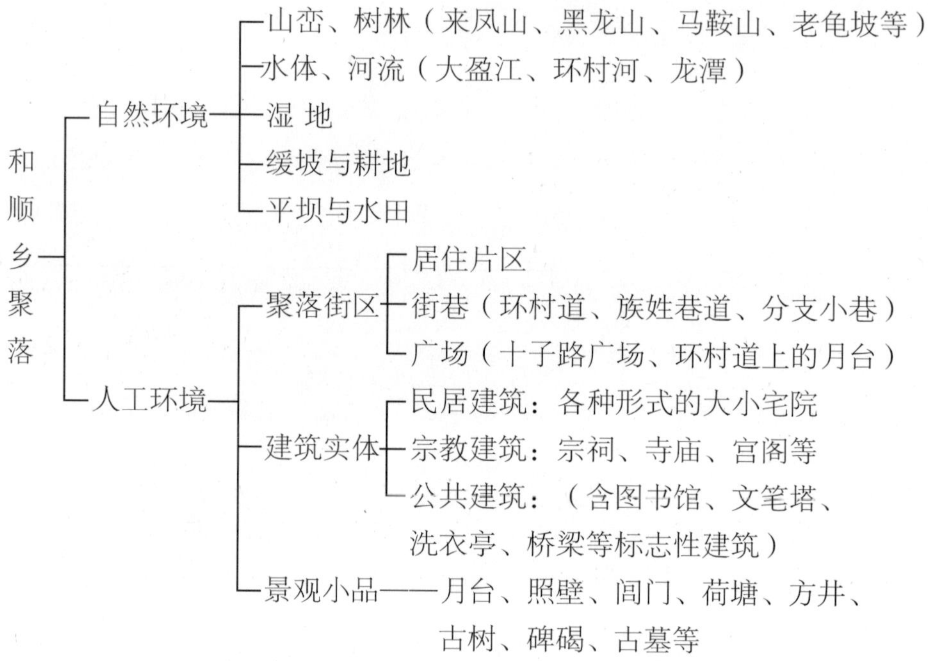

然后，沿着这条景观带上开设的各个族姓巷口深入到聚落内部时，人们看到更多的是第四种空间层次。在有些地段，第四种空间层次也常与第二种空间层次交叉组织在一起。比如和顺许多巷口与环村道交接处的节点空间处理，就很难划分清楚，把它们划归第二种或第四种空间层次都可以。而前面提到的第三种空间层次，相对于其他地方而言，在和顺聚落中就不是太显著。这里的十字路交叉口处开辟的小广场，以及向东西两端延

① （美）凯文·林奇：《城市的印象》，第56页，项秉仁译，中国建筑工业出版社，1990年版。

伸的一小段具有商业性质的店铺街道，仅作为聚落内日常的早市场所，或某几天的集市交易，商业气氛并不十分很浓厚，远比丽江、大理等地一些聚落中心设置的“四方街”所起的核心空间位置作用要小得多，它应具备的许多场所功能，已被分化到聚落外围环村道上的一些节点空间去了。

这些物质要素，特别是人工创造、组织构成的各种类型的景观环境和乡土建筑形式，除各自充分体现本身所具有的实用功能外，在空间组合与构成肌理上，还彼此相互关联、相互映衬，并结合实际的地形、地貌特点，灵活地经营布置，共同构成一个自然而有机的聚落整体。

二、和顺乡聚落形态的构成意象

传统聚落布局和建筑布局，一般都要与附近的自然环境发生密切的联系，可以说，周围的自然地理环境与聚落形态的共同作用，才构成中国传统的理想居住环境。一个好的聚落，其所构成的聚落内部的人文环境、人工形态与周围的山川形势、自然山水环境常常互为补充、相得益彰。

一个聚落，无论其形成的景观环境多么普通，都可以给人带来快乐，毕竟它包括有自然的天生地就和人为的因势利导，更何况像和顺乡这样一个精心营造而且自然与人文环境丰富、交融的聚落。其实，聚落也如同建筑一样，是一种空间结构，只不过表现出的尺度更为巨大，需要用更长的时间过程去感知体验之后，人们才能获得对其较为完整的认识。

这样形成的整体生动的物质环境才会产生清晰的环境意象，而一处好的环境意象又能使其居住者或拥有者在心理上、感情上产生十分重要的安全感，并由此在自己聚居范围内与周围更广的生活环境建立起良好的协调关系。

意象的聚合可以有几种方式，真实的物质很少是有序或是显而易见的，但经过长期熟悉后，心中才会形成有个性和组织的印象。我们对和顺聚落环境意象的体验，基本上就是在不断的调查了解中一步步积累和建立起来的。归纳而言，环境意象常由三部分组成，即个性、结构和意蕴。

1. 个性

指聚落环境与周围事物的可区别性，和它作为独立个体的可识别性，这种个性具有独立存在的、唯一的意义。

2. 结构

即物体（或环境）与观察者以及物体与物体之间在空间或形态上的关联。

3. 意蕴

物体为观察者提供实用的或是情感上的意蕴（也是一种关系）。

一般我们可以借助这三个组成部分来认识和衡量一个聚落构成意象是否“好”与“不好”。

事实上，一个好的聚落形态或景观环境，可能不仅仅是为了满足日常的生活出行需求，或是承担已经拥有的意蕴和感情，更重要的是在新的探索中充当导向和促进作用。

这些环境不仅含义丰富，还能够给人以生动活泼的意象，同时，还充当着一种特殊的社会角色。在一个聚落里，人人都熟悉的有名有姓的环境，往往能成为大家共同的记忆和符号的源泉，人们因此被联系起来，并得以相互交流。为了承载和保存聚落群体先前所创造的历史和思想，聚落形态、环境、景观又充当着一个巨大的记忆系统。比如聚落里的每一个细节，事实上都在暗示着一些历史或传统，而每一个有形的物质景观又向人们提示了对共同文化的记忆。

（一）理想的聚居模式

我国传统的宇宙观，把人与自然视为一个密不可分的有机整体，不仅认为人是自然界的组成部分，人与自然平等和谐，而且认为天地运动往往直接与人有关[①]，代表中国哲学两个主要流派的儒家和道家，均把如何使自己的生命和宇宙融为一体作为重要问题加以研究，前者从动入，强调自然界和人的生命融为一体，“生生之谓易”，强调生活就是宇宙，宇宙就是生活，领略了大自然的妙处，也就领略了生命的意义；后者从静入，认为凡物皆有其自然界本性，“顺其自然”就可达到极乐世界[②]。

这种“天人合一”的传统观念，长期影响着人们的意识和居住的生活方式，造成了崇尚自然的行为风尚，并从中引出阴阳风水观念与自然相结合的居住行为、思想，创造了优美的村落环境和文学传统，也塑造出“文人”的生活方式。而这种“文人”生活方式所追求的恬淡抒情，在居住形态上，表现为住宅与庭园的结合。于是，在房屋选址布局时，多喜欢与山水林木相接近，正所谓“居山水间者为上，村居次之，郊居又次之”[③]。

聚落选址中对自然环境的要求包含着古代文人雅士对环境的追求和理想。《后汉书》载仲长统的一段话说：“欲卜居清旷，以乐其志。论

① 李泽厚、刘刚纪：《中国美学史》卷一，第484页，安徽文艺出版社。
② 梁雪：《传统村镇实体环境设计》，第38页，天津科技出版社，2001年版。
③（明）文震亨：《长物志·室庐》。

之曰，使居有良田广宅，背山临流，沟池环匝，竹木周布，场圃筑前，果园树后。良朋萃止，则陈酒肴以娱之，嘉时吉日，则烹羔豚以奉之。踟蹰畦苑，游戏平林、跃浅水、追凉风、钓游鲤、弋高鸿。讽于舞雩之下，咏归高堂让。安神闺房，思老式之玄虚；呼吸精和，求至人之仿佛，与达者数子，论道讲书，俯仰二仪，错综人物。弹《南风》之雅操，发清商之妙曲。逍遥一世之上，睥天地之间，不受当时之责，永保性命之期。”亦或“垦田以种稻，岁时衣食仰给焉；凿池以养鱼，宾祭于是乎取之；度地以为圃，杂时花卉果蔬，可以如耳目而养口体。”[①]以山川形势为主要依托的自然环境构成，则是人们在村落选址居住中常常遵循的一种原则，和顺乡聚落从早期的选址到后续不断的营建完善，可以说就是按照上述这样一种理想的聚居模式来发展的。

（二）聚落中的风水意象[②]

风水，强调的是用直观的方法来体会、认知自然环境面貌，寻找具有良好生态条件和美好景观的地理环境。《风水辩》中解释：“所谓风者，取其山势之藏纳……不冲冒四面之风；所谓水者，取其地势之高燥，无使水近夫亲肤而已。”实际上如同当今的环境心理学、环境选择学与环境评价指标等的综合运用，其注重和关心的是如何有效地利用自然保护自然，使聚落和住宅与自然相融合、相协调。

从传统风水观念来看，我们知道，风水择址的主要目标是为阴宅（即坟墓）、阳宅选取一处最佳的环境，即所谓的“风水宝地”。怎样才算好风水？其“风水说”中始终强调一种基本的整体意象模式：“左青龙，右白虎，前朱雀，后玄武。”这一意象模式的理想状态是：“玄武垂头，朱雀翔舞，青龙蜿蜒，白虎驯俯。”[③]就山地而言，与这一理想模式所对应的理想景观应为：“穴场座于山脉止落之处，背依绵延山峰，附临平原（明堂），穴周清流屈曲有情，两侧护山环抱，眼前朝山、案山拱揖相迎。”这种风水选择的特征，一是它对环境的分析是开放的，二是它引导人们对聚落外部形态及影响因素进行使用和控制，强调人们能预见、控制整个环境并有能力改造它。

理想风水模式能得到最完美的实现，是在阴宅风水中，一则阴宅的选址和构筑实质上并没有现实的功利意义；二则墓葬可以在广大的自然环

① 载《古今图书集成》。
② 见余孔坚：《理想景观探源》，第33~39页，商务印书馆，2000年版。
③ 载《葬书》。

和顺主村落路网结构

境中选择，有很广的选择域。而阳宅的理想风水虽与阴宅如出一辙，所异者仅只是形局大小不同。但与阴宅相比，阳宅的选址和构筑明显地要受到很多功利性的约束（如交通条件、邻里关系等），自由度当然不及阴宅的大，理想风水模式的实现程度自然要比阴宅低。为了使理想与现实之间取得协调，于是便通过一些具有象征意义的风水小品景观，如桥、亭、阁、塔、门、池塘等来使自然风水结构达到心目中的理想化境界。

和顺乡聚落的构成意象具有村落风水选择结构的普遍性，即其最基本的理想模式就是枕山、环山、面屏，在此基本理想模式之下，可以看到山区盆地村落布置的整体特征，其一是自然资源特征。即山清水秀、土地肥沃、阳光充足、植被茂密等，这类特征具有直接的现实功利意义，可称之为现实的农耕生态因子；第二类属景观的空间结构特征，包括围护与屏蔽、边界与依靠、豁口与走廊、小品与符号等，它们并不都具有现实的功利意义。通过它们，可以更深层地认识到理想风水选择的意义。

1. 围护与屏蔽

和顺乡主村落包括十字路村、水碓村、贾家坝与张家坡三个自然村，其中十字路村又为主村落形成最早的核心部分。整个聚落主体居于黑龙山北麓缓坡上，其后层层延展的黑龙山，正如蜿蜒起伏的龙脉脉象，缓坡之地也就自然成为龙脉结穴之所，并与北面平整的坝区临界，形成“凸”字形格局。聚落分块大小、主次明确、疏密有致。比如以十字路村为主体，大块住区密集，分布其后一左、一右的水碓村和张家坡为次，小片，松散，从两翼烘托主体，并产生出聚散、疾徐、浓淡、缓冲过渡等多种空间情调。聚落的西面是马鞍山，东面是来凤山，西北面对景近处为杨家坡、老龟坡，远景为擂鼓顶，从而构成了理想风水的明堂[①]。四周“众山维维如城关，所以保障龙气也。”即所谓罗城（此处特指由周围的山形构成的围合景观）周密，罗城之内又有水城（由水构成的围合景观）。“明堂上溪涧沟渎，关阑龙气，有如城之为保障……”[②]在此罗城、水城之中，穴之两侧有护沙环抱，前有朝山、案山为屏，构成了一个多重围护与屏蔽的聚落生活空间。

2. 边界与依靠

从边界与依靠的特征看，理想之居必取依山傍水之势，最宜选于山脉止落之处。和顺乡主村落所以居于南面黑龙山北麓，不顾选址朝向上的有

① 明堂：风水术语，指风水穴位前的空地。就和顺而言，主村落位置可谓之穴位，前面的坝子平地可谓之明堂。

②《山龙类语》。

悖风水常理和面朝西北，面风水术之大忌，正是顺应了天然形成的山川地势。仅取山川风水意向，形成坐东南、向西北因地制宜的灵活布局。流经聚落的环村河也顺着山形边界，随弯就曲，大致与环村道相平行延伸。这就形成了聚落西北边界稳定的空间形态，使位于环村道旁的家家户户，均可放眼田园，以求得水的灵气，从而达到物与人的感应。

与环村道直接相联系的各族姓街巷、支巷皆从其后的缓坡住区呈发散形直下环村道、环村河，除获得日常生产、生活的方便之外，亦追求通过巷道空间，保持与河流、田园的自然气息通畅，把儒学之道阐扬的“仁者乐山，智者乐水”的居住理想诉诸于山水之间。这种把山水与人的德性、气质一同论述，表明和顺先人素重儒学教育的过程，是将自然环境与人文环境互为关照、互为启迪、互为通融的过程，最后达到互为改造的目的。当然，人们对自身居住聚落环境的改造是十分谨慎的，除了在特定的地点注入相关风水意象外，在聚落环境的规划、建筑布局等选择方面，以尊崇和顺应客观的自然美为原则，立意营造充满诗情画意的山水聚落。这样选择的结果，实则把和顺乡聚落北面的大片田园留出，统筹在和顺乡各自然村落和边界周围的老龟坡、马鞍山、来凤山等多重景观构成之中，彼此以山梁、坡脊相连围护，使中间成为盆地坝子，由此形成的小环境、小气候，无论是自然的田园山川景观，还是人们心目中向往的理想聚居场所，皆成一方风气而纳为一统，并构成区域边界相当清楚的和顺人生产与生活居住的聚落范围。这一种特殊的自然、人文地理格局和现象，从明初开始稳定地发展了约六百余年，虽然聚落的整体规划与充满其间的乡土建筑、居家宅院看似漫不经心，布置随形就势，实则内部规律极强，处处可见居住者的精心策划，表现明显的中原传统文化之真谛。

3. 豁口与走廊

罗城围护中的明堂和沙水环抱中的穴场，决不是完全封闭不透的。在此层层围合的空间中，有水口和气口与外界相联系，一般可理解为罗城之豁口或门户。水口忌讳空间直泻，泄漏堂气，喜欢紧狭回顾、玉辇捍门。

豁口在空间上的延伸便形成了走廊，它可以是完全自然的河谷走廊或溪涧河流，穿越重重罗城使明堂与外界相连，也可以是人工的或通过人工对自然原有结构强化而形成的景观场所。如在和顺坝子内环村流淌的陷河与穿过坝子向西南流走的大盈江，即是自然形成的河流。而由腾冲城南下经过和顺坝子向西延伸的官马大道及与和顺乡主村落相联系的乡间支道，还有从和顺乡聚落西南贾家坝财神庙旁开辟的进出村落的古道，就是典型的人工走廊。这种人工走廊在聚落中具有以下几个方面的作用：

第一，豁口和走廊是物质、能量和信息的内外流通道，是物种空间运动的必经之地。

第二，豁口和廊道是捍域的关键所在，具有一夫当关之战略优势。

第三，豁口占有者可以在保持自身栖息地或庇护所神秘性的同时，了解外界的动向，从而为防护或进攻做准备。从这个意义上讲，栖息地的豁口也许正如同今天现代城市民居住宅门上安装的“猫眼”探视孔。

第四，豁口和走廊是聚落居住者探索和开拓新空间的通道。当人口增加或资源枯竭时，人们就可以通过豁口或沿着走廊向新的栖息地扩散，从而保证宗族的延续和发展。乃至今日，和顺乡人也正是沿着这条走廊西出缅甸经商的。

第五，豁口和走廊不仅仅是聚落的通道和出入口，也是聚落空间辨析识别的基本结构，它联结着过去、现在和将来，是空间认知图式中关键的结点和连线。

4. 小品与符号

除上述几种整体结构特征外，风水中也往往通过一些具有象征意义（或兼顾有其他种种功能）的景观小品和风水符号，来实现或强化风水的某种理想意象，如塔、亭、牌坊、照壁、石敢当、镇邪物、护门神之类。其本质意义在于：

第一，它反映了人类对栖息地景观空间标示物的需求和偏好。一个缺乏标示物的均相景观，意味着模糊、迷途的危险。

第二，它反映了对生活居住领地的声明，是捍卫区域行为的物化表征。它使领地居住者或拥有者感到亲切，而给外来者以威慑和警告。

第三，作为瞭望与庇护行为的物化表征，亭、塔等景观小品与庇护所相分离而出现在村口、山顶或罗城豁口，是在不牺牲自我庇护的前提下，对居住领地以外空间的窥视行为的物化表征。

第四，完形功能。人们自古追求整合的栖息地理想景观模式，不可能在现实的自然景观中总能够得到满足、得以实现，于是就通过构筑亭、塔一类的风水景观建筑，来弥补客观自然的缺陷，同时在心理上也建构起一个整合的理想栖息环境。

可见，上述的理想风水景观意象结构特征，不能简单地用现实的功利意义或是农耕生态意义来解释。人类理想的生活栖息地应具有多种多样的生态效应，其聚落形态、景观结构使聚居于其中的人们处在庇护、空间认知与辨别、探索和开拓新空间以及捍域的战略优势的综合环境中，能否成功地选择具有这些生态效应的聚居环境，常成为人类进步的一种选择压

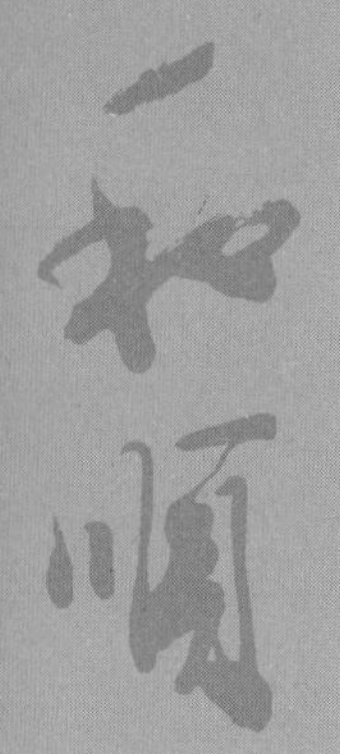

力。自然选择加上经验遗传的总结，使人们的这种能力自觉或不自觉地表现在对环境的景观认知过程中，即对景观意象和结构特征的吉凶感应。而正是它，体现了中原汉族人们内心深处对景观意象（或者说风水意识）的最基本的深层意义。当然，和顺乡聚落的许多景观小品，同时还兼有其他方面的多重功能和意义。

三、 和顺乡聚落形态的构成特征

聚落空间环境的形态结构，包括聚落的空间布局、层次结构、环境构成要素以及形态特征等方面，是聚落研究的核心内容和基本依据，从建筑学学科领域考虑，离开了这个核心内容和基本依据，研究将无法切入。

通常，聚落空间分别由聚落外部空间、聚落内部空间和宅园空间三部分组成：

聚落空间
- 聚落外部空间——山林、溪流、沟谷、荒坡、平坝、耕地等自然景观
- 聚落内部空间——宅基地、道路街巷、集市广场、宗教寺庙、祭祀场所、生产基地、行政、教育机构、防卫设施、边界标志等等
- 宅 园 空 间——起居生活、休息娱乐、人际交往、祭祀礼仪、家务劳作、储藏饲养、睡眠学习等

为便于获取聚落空间的完整概念，必须要关注三者之间的地位与关系，同时也应关注构成各种空间的多种要素之间的关系和地位。

（一）聚落形态的构成理念

“人之居处，宜以大地山河为主。”这是中国传统聚落形态的环境空间特点。作为人类赖以生存的物质空间，聚落的营建，首先考虑的是贴近自然，并“以山水为血脉，以草木为毛发，以烟云为神采”[①]。究其原因，一则依山傍水能带来日常生活的极大方便；二则认为人是自然中的一部分，必须融于自然，与自然同呼吸。所以，不论是前述和顺乡聚落形态中反映出的自然的景观环境，还是人工构成的空间环境，都真正体现出一种人与自然和谐相处的居住模式。

①（宋）郭熙：《林泉高致》。

当然，任何一种聚落形态首先必须具备它应有的最基本的功能，即交通、主要用地划分、居住片区和关键的空间节点。使居住于其中的人们的各种愿望、追求和聚落社区的感觉，在此都能表现得淋漓尽致，更重要的是如果聚落环境形态组织清晰、个性鲜明，那么，居民就能向它表达自己

熙熙攘攘的早市街巷

十字路集市广场街巷空间

的理解、认同和赋予它诸多含义，这样才能成为一处真正的人性化聚居场所。

无论是由于悠久的历史还是自身的体验，当人们对这种清晰、独特的环境形态渐渐产生出强烈的依恋时，且每一处的景观环境都清晰可辨时，才会引起人们潮水般的联想，将它们一处处地拼接在一起，使每个景观环境成为居民生活中的一个个重要组成部分，比如月台、洗衣亭、宗祠、寺庙、街巷、节点等等。

聚落也好，城市也好，给人最精彩的感受应该是“起源于艺术，发展于需求”。主动适应和调整环境，区分和组织感官所感知的事物，是人类自古以来的习惯，生存和统治都需要基于这种感觉上的适应。

（二）聚落形态的构成肌理

聚落环境固然形态各异，或有序或无序，有序者格局井然，内涵深远；无序者相聚随意，更显自然。

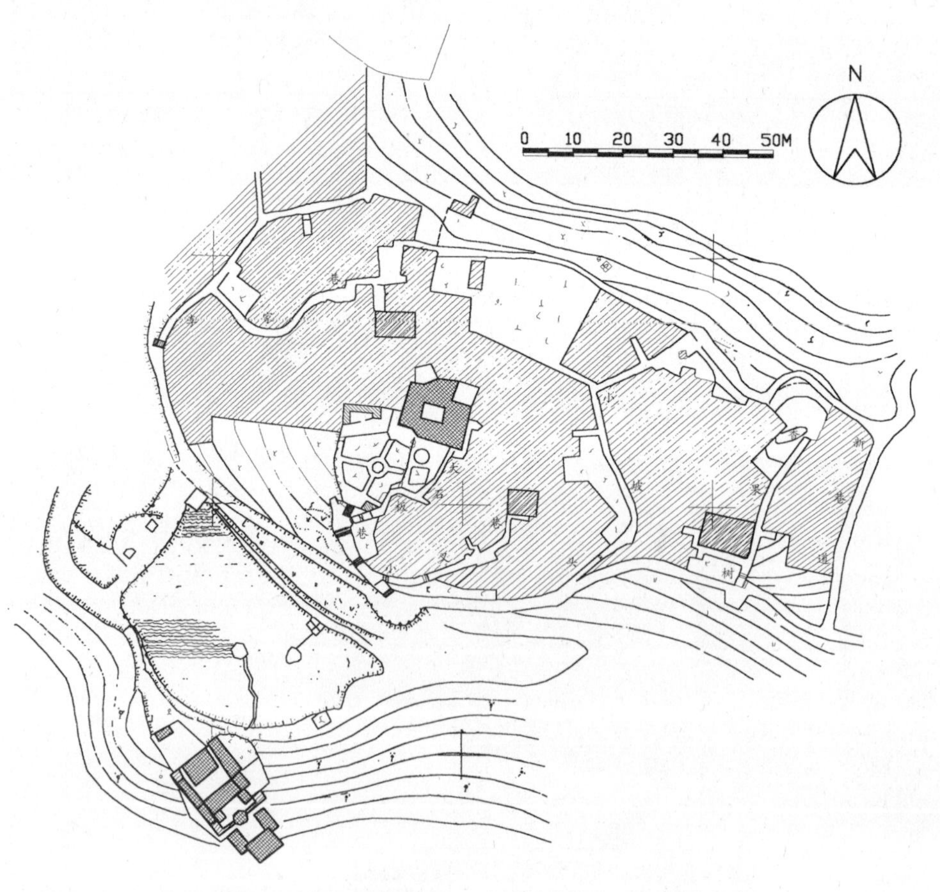

和顺水碓村总平面图

从地形现状分析来看，和顺乡东边的水碓村坐落在黑龙山体突出的一个小山包上，数条小巷顺山形灵活、自由地穿插于其间，把各幢宅院相互串联在一起，与掩映在山谷中的龙潭、大月台、元龙阁建筑群及附近的李氏宗祠，共同构成一小片独立的且环境优美、宁静的居住生活空间。山顶最高处便是著名的“艾思奇故居”，建筑尺度、造型与一般的普通宅院有

十字路街道

所不同，在空间上处于主导地位，也可算是和顺水碓村的一标志性建筑。

坐落在坝子之南黑龙山麓凸出部分缓坡地段的和顺乡聚落主体，从东到西由尹家坡、染房坡、寸家湾、大桥巷、高台子巷、李家巷、黄果树巷、大石巷、赵家巷、小尹家巷、大尹家巷、寺脚、贾家坝、张家坡，以及前面的环村道、后面东西走向的十字路所组成，其中的染房坡、大桥巷、李家巷、大石巷、大尹家巷的几条主巷皆成放射形顺山坡而下，与前

弯曲自然的环村路

后的两条东西走向主道相接，构成和顺乡聚落的街巷骨架，并由此再连接众多支巷形成一个自然而有机的街巷网络。这里要特别提一下，和顺乡聚落街巷大多数是以居住斯地的族姓命名，也有少量用其他名称命名，如大石巷等，但同样具有族姓纪念意义。据说是为了纪念大家来自重庆巴县大石板地方的象征意义，同时也有遥祈桑梓的恋乡之情，更有血缘性必须围绕地域性的结合方才力保人心与聚落永久不散的深层含意[①]。

整个村落中的每条大街小巷都是随形就势，弯曲自然，起坡设台，合乎情理，即使在雨天亦无泥泞、水漫之患。因为聚落内街巷的排水，完全依地形由高处往低处自然排放，最后汇到村前的田坝中顺河流走。甚至有些街巷还专门分台设置带有过滤作用、能阻挡杂草垃圾的石制沟拦，这些细微之处无一不表明人们的聪明智慧和对聚落环境的爱护。西边的贾家坝、张家坡居住片区，空间上是主村落（十字路村）整体的延续与扩展部分，虽然显得相对松散，但布局上却更加紧密结合自然地形。通过贾家坝一带线形的布置过渡到张家坡，又构成片状的收尾，两片住区中或分散、或集中的民居院落皆由一些小的支巷深入到住区的各家各户，然后再与环村主道相联系。格局上同水碓村一道，形成一左一右、小而松散且靠后退的两翼，烘托出向前凸出的大而密集的聚落主体。

另外，聚落中每条依山地顺势而下的里巷，至环村道交点处，几乎都设有闾门一道，门对面再布置相应的半圆形或扇形月台，有的还带有照壁墙，作为巷道的转折空间、入口标志或视觉底景。

闾门无疑是里坊制于空间控制范围内的规范提示，或是族姓聚居的区位标示。门额上所题的“说礼敦诗”、“兴仁讲让”、“景物和煦”等，将其传统的道德风范“仁、让”“和、煦”等儒家教化思想寓情于景，物质与精神，并行不悖，深深地烙在居住里巷的每户居民中。闾门前的月台不但在空间上有开合缓冲作用和标志作用，以其直线或弧线之貌圆满地完善着巷口的起承转合之势，以及居住空间与居住者心理的开合、收放关系，做到每巷人家皆可在此聚散之地交往闲谈，彼此传递着各种各样的信息、故事，同时，还体现出一定的风水观念。弧形的月台挡住了各族姓里巷由上而下的风水，免得各家财气被带走，而从每个巷口所正对的方向看，其远处又都有一定的对景，如李家巷对老龟坡，大尹家巷对马鞍山，远山由此层层淡远，附和传统聚落选址的风水意象，这不仅给和顺人造成阻而不塞的地理环境，在心理上也构成朝前看、看得远、想得远的方向性

① 季富政：《大雅和顺——来自一个古典聚落的报告（续）》，载《华中建筑》，2000年3期，第124页。

贾家坝贾学林宅前的小巷

和顺寺脚小巷

环村道

心理场，其情况之妙可谓运用得娴熟独到。月台上常常是“父老皆来消暮景，儿童好玄事诗书”。就是在今天，这些闾门、月台、照壁所展示的空间意味仍然是最具有中华特色、最为人性化的社区建筑环境设计。它们的设置，如同河边矗立的洗衣亭一样，已远远超出实用功能，而成为乡人生活的室外情感空间。

（三）聚落形态的构成特征

1. 聚落中的住区

在中国，古代城市中的居住区称为“闾里”。据《周礼·尔雅》说：“巷门谓之闾，五家为比，五比为闾。闾，侣也，二十五家相群侣也。”《说文解字》中有“里，门也”，“里，居也”。《周礼》中说：“五家为邻，五邻为里。”里是一个封闭的居住单位，闾是里的门。

尽管传统聚落与城市相比规模较小，有时仅仅相当于城市的一个里坊街区，但里坊的构成机理在许多传统聚落中仍有保留和延续。和顺乡自明代戍边屯兵开始，不断发展演化至今的聚落街巷格局，基本上是根据族姓血缘关系，按里坊制并结合实际的地形灵活布置而形成的。每族姓共用的里巷巷道一端或两端均设有闾门，门额上有题词，或门两侧作楹联以教化。对内，既有安全防卫作用；对外，又有标识作用。

这种设置在云南其他聚落中是较为罕见的。若说像普通村落，其严格的里坊之制，里巷的规整之貌，闾门的煌然之态，月台的观景之趣，寺庙宫观、宗祠牌坊的布阵之势，龙潭楼阁的优美之境，甚或立于村口传播知识的文化之源——“在中国乡村文化界堪称第一”的和顺图书馆，无一不展现出城镇应有的气势；若说像集镇，显然作为集镇应该具备的有相当规模的街市、广场、公共建筑，包括并列于街道两侧的众多前店后宅式商铺及与此相关的各项设施又不那么完善。这种独特的空间格局形态，表明人们在综合多方面的思考后，结合客观环境特点，把构成聚落空间形态的诸多要素和自然的关系和生活的发展需求处理得如此巧妙、和谐，周密得体。通常决定住区的物质特征是其主题的连续性，它可能包括多种多样的组成部分，比如空间、形式、纹理、细部、标志、建筑造型、功能、民居、寺庙、地形等等，在和顺乡这样一个密集的聚落住区，其相似建筑类似的开窗形式、墙面处理或是闾门、月台，都成为一个个鉴别聚落形态特征的基本线索。

在这里，由于这些意象不断地重复强化，我们所感受到的是一种昭然有序的空间关系，整体大格局与自然环境借以风水理想的有序；里坊框架

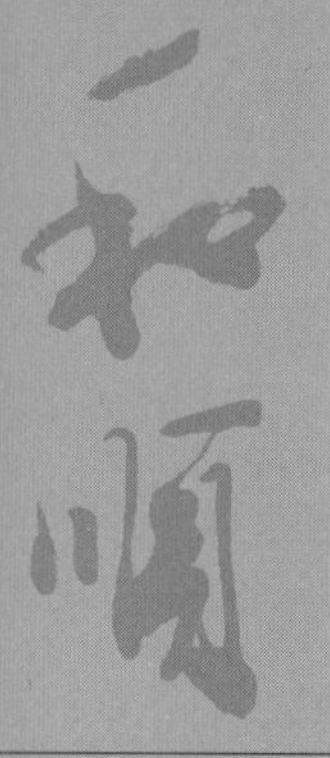

格局制约下居住街区组织的有序；街区内各民居宅院在里巷道路联系协调下“兴仁讲让”的有序；家家门檐、门道过渡空间不与巷道争分寸，保持你谦我让的有序，不论从外部到内部，还是从内部到外部，处处散发出淳厚的古风与一派祥和之气，让人强烈地感受到聚落有序的格局完全受着一股传统人文力量和建构理念的支持与呵护。

2.聚落中的广场

严格意义上的广场在传统聚落中并不多见，一般是街市的扩展或局部空间的变体。从景观环境构成的角度看，广场可视为“节点”空间的一种形式，它同时具有与道路连接和人流集中、疏散的特点，有时也可作为聚落的中心和标志，如大理喜州、周城，丽江大研古镇、束河村中的四方街等。按照广场活动使用的性质来分，聚落中人们所常见的广场有商业性广场、生活性广场和宗教性广场。在许多情况下，广场不论面积大小，若与聚落街巷、道路空间的融和而存在，就成为聚落中居民日常活动、休闲的交往场所。若与井边或宅前门道小空间结合，则又往往成为公共空间与私人空间的过渡，起到使住宅边界或入口处变化的作用。

和顺乡聚落的广场或节点，除十字路口广场用于集市贸易，带有明显的商业使用性质外，其他多数大大小小的广场，尤其是沿环村道路上、里巷门口或祠堂门前设置的月台，均属于生活性广场，即便是少数几个族姓

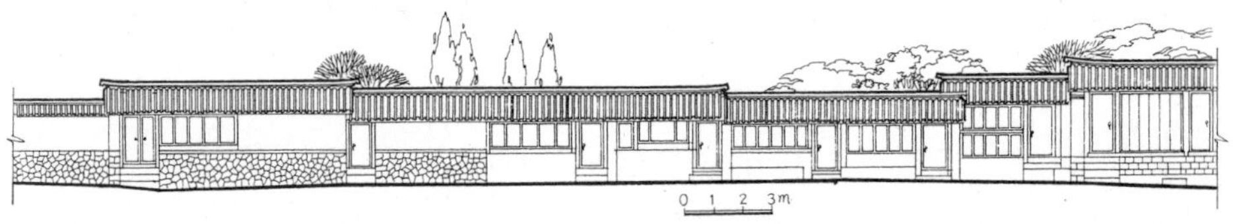

十字路沿街店铺立面局部

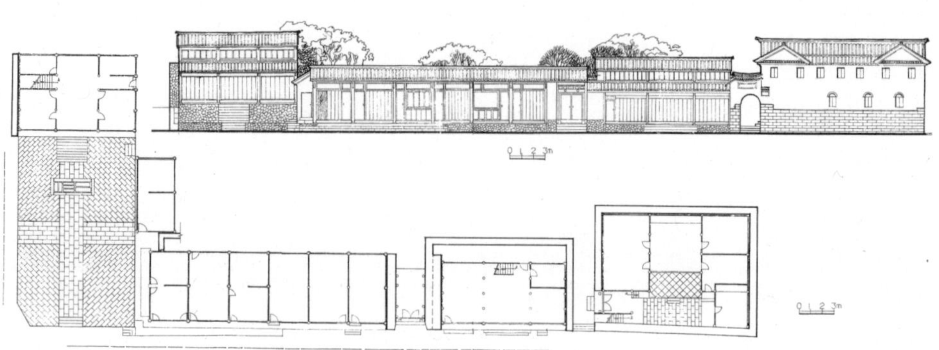

十字路广场沿街店铺平面、立面图

祠堂门前专用的宗教性广场，也只在进行祭祀活动有限的几天时间内体现其宗教性，其他时间同样是用于生活性的活动交往场所。

和顺乡十字路口开设的集市广场虽然不大，但村中每日的晨间菜市、农贸交易全在此，高峰时段也常常人来人往，熙熙攘攘。为数不多的几家店铺，尽管房屋尺度低矮、建筑质量远不如居家院落的讲究气派，但那些临街而设的铺台，摆满琳琅满目的乡间特产、日杂百货，把彼此购物交易的人们拉近了，却也显得乡情融融，多多少少增添了街巷上所呈现出的祥和商业气氛。

3. 聚落中的水系

在聚落环境的形态结构中，水是不可忽视的重要环节。水体作为人类生存最基本的要素，不仅具有微环境生态上的功能，而且还具有心理上和美学上的作用。水体不仅可以调节一个地区的空气温度和湿度，而且可以供人饮用和作为聚落主要的排泄渠道，给聚落景观增添生机与活力。从生态角度看，水是一切生物生存的必要条件。《管子・水地》篇中曾提出："地者，万物之本原，诸生之根菀也。""水者，地之血气，如筋脉之通流者也。"南宋席益也谈到："邑之有沟渠，犹人之有脉络也，一缕不通，举身皆病。"①

和顺乡的水系组成是较为丰富的，其有龙潭，有湿地，有环村河（即三合河），有大盈江，还有大小荷池数个，有动有静。村中丰富的蓄水对方便村民农耕浇灌、生活使用和防火都具有重要价值。不论自然形成的河流，还是人为的挖塘建池，一方面有效利用于蓄水和抗旱防洪；另一方面也使村落内的景观空间与周围山势取得虚实、动静的对比意义。过去，虽然村民要每日早晚挑水爬坡，少不了往来的辛苦和腰酸背痛，但那毕竟是一种生活的自然，又会有谁去过多的计较而为此伤感，何况今日已非昔比，水龙头一扭，花花流淌的自来水就进入了每户人家的大井、厨房。

这里，水便成为满足生活需要、陶冶性情、启迪智慧、与周围的山峦动静结合不可倚重一方的传统自然观的反映，是崇尚自然、深入民心的景观诗化。看一看水井边浣衣、洗菜的欢声笑语，小河里戏水玩耍的热闹场面，其中的意味情趣便不言自明了。

4. 聚落中的街巷

街巷作为聚落形态的骨架和支撑，既是聚落形态构成的重要组成部分，也是人们游览、认识聚落的主要路线。聚落的街巷道路系统一般由

① （南宋）席益：《导渠记》。

和顺乡寺脚小巷

街、巷、道三级组成，街巷布局多呈现树枝状自由分布，街为主干，巷和道为枝。对许多人来说，这是环境意象中的主导因素，人们在街巷中移动的同时，观察着聚落中的其他环境要素，并且是沿着与之密切相关的街巷逐渐展开的。

在传统聚落中，由于街巷的高宽比很大，人们走在街巷中的方向感受是一种拓扑变换的关系，因为街巷里的透视关系被连续的街景、场所效应所代替。

由于受自然环境地形的诸多限制，传统聚落的街巷构成，大多表现出顺应自然环境特点的一面。当然，其中也不乏渗入一些风水观念和规划意识。所形成的街巷很少为环状系统，而更多地表现为一种通向某种目标的交通性，比如通向某处的寺庙祠堂、月台水井或山林耕地等，街巷的方向感单一、明确，个人可以根据别人或群体的活动来找到方向。

（1）街巷的构成。

街巷的构成一般包括两侧的垂直界面（通常由沿街建筑主面充当）、地面、天空和小品。这里，两侧的建筑物限定了街巷空间的大小和比例，形成空间的轮廓线。建筑物与地面的交接，确定出街巷地面的平面形状和空间大小，于是建筑立面成为街巷空间中最具表现力的面。美国建筑评论家B·鲁道夫斯基（Bernad Rudofsky）在《人的街道》一书中说：“街道必定伴随着那里的建筑而存在。街道是母体，是城市的房间，是丰沃的土壤，也是培育的温床，其生存能力就像人依靠人一样，依靠于周围的建筑。完整的街道是协调的空间……主要是周围的连续性和韵律。街道正是由于沿街有建筑物才成为街道。”① 所以，街巷两侧垂直界面的连续性、封闭性，正是形成街巷空间的重要因素。在传统聚落中，限定街巷的院墙或民居墙面有高有低，当两侧墙面高于人的视线时，街巷空间比较完整；当两侧墙面有一方低于人的视线时，街巷空间就被扩展，并与民居庭院融为一体，其空间体量感减弱。

对于街巷的地面而言，特别是对于山地聚落中的街巷地面，由于地皮贵、紧张，聚落多依山形地势建成，这就自然地形成了街巷地面的高低变化、起伏跌宕，街道地面常以水平面、斜坡面和台阶踏步相结合，灵活处理。街巷两侧的房屋也随地面的高差变化而变化。

在传统聚落中，街巷道路系统常分为三个等级：主街或商业性街道，生活性街道，小巷和入户通道。在空间尺度上，后者要比前两者小得多，约为2米~3米。除街巷宽度不同外，两侧垂直界面的关系也有差异。对商业性街道和生活性街道而言，两边的店面或民居往往力求平衡，常出现一

街巷与大门

① 转引自（日）芦原义信：《街道美学》，第31页，尹培同译，华中理工大学出版社，1989年版。

些平行性的凸凹变化。而巷道由于大部分民居入口设在这里，入口之间又要避免门与门的相对、门与巷道的相对，局部地方实在达不到要求时，就会想办法做一些相应的退让处理，于是在街巷中会产生出许多不规则的空间场所。在巷与巷、巷与街的交接部位出现很多节点空间，形成具有缓冲、转折或过渡作用的空间环境。加之街、巷随自然地形进行平面的变化和竖向的起伏，无形中缩短了直线长度，减少了街巷视觉上的单调感。

对于生活性街巷，两侧的垂直界面一般是稳定的实体状态，街巷空间相对固定，基本上由一栋栋民居院墙连续组成。而对于商业性街道，底层店面往往随时间呈一种变动的状态。开门营业时，街巷空间可延伸、渗透到店内空间，取得街巷空间扩展的效果；关门时，街巷空间又恢复为一种线性体量。

和顺乡聚落的街巷，绝大部分都属于生活性巷道，所以，街巷两侧除了支巷开口和各户民居入户大门及门前过渡空间的开设外，基本上呈现出封闭的实体状态。那坚实的清水石墙勒脚上是砌筑整齐的土坯墙，并有规律地在山墙中部开启一两道圆拱小窗，再往上就是屋檐、照壁变化丰富的轮廓收口，有些人家还精心在墙面上加护墙腰檐，照壁或腰檐尺度亲切宜人，材质纹理色泽统一、协调，视觉看点变化万般。使人觉得每一条巷口

尹家坡某巷

和顺寺脚小巷

的设置及其内部的街景都有极强的空间诱惑力，引人入胜。探究每一户人家的入口大门、门前的过渡转折空间都极为考究，巧妙合理，让人驻足观赏。随着因地形起伏变化而设置的坡道踏步的点缀、丰富，更增添了每条街巷的空间层次、视觉效果和生活情趣。

（2）街巷的走向。

道路不仅是统一连续的，而且有方向性。线性方向的正反也很明显，这种方向感可以通过梯度变化来取得，即沿着一个方向逐渐递增的特征，常见的是地形的坡度变化。当人们在街道中前进时，各类建筑形式、标志物对人的运动起着不同程度的引导作用。从人的步行行为看，行走时总是在不断的浏览前面的景观，寻找一些标志性物体作为中间目标，然后朝着这个目标直线行走，当接近目标时，又会选择下一个目标继续前进①。

人们对于街巷的印象不是一次就能形成的，而是多次观察体验的积累。在逐步的观察中，人们会把某个范围划在某一街巷的“段”之中，这种连续的“段”将街巷空间连为一起，构成连续的线性整体。同时，这一封闭连续的街巷又常于开放的豁口处连接。于是由多个巷口留出的空隙，使相对封闭的界面产生韵律和变化。“规律性可以由一种有节奏的构图、一种重复的空间开口或一种重要的建筑或街道杂货铺的重复来构成。”②

赵家巷

十字路某小巷

① 正凡：《易识别性与环境设计》，《新建筑》1985年1期，第26页。
② （美）凯文·林奇：《城市的印象》，第89页，项秉仁译，中国建筑工业出版社，1990年版。

如果主要道路缺乏个性，或容易混淆，那就很难形成聚落环境的整体意象。和顺乡聚落给人们展示的一个鲜明的整体意象，就是从外面以环村道将构成聚落的诸多要素有机地连接在一起，然后再通过一些节点转折空间自然地转入、渗透到各族姓街巷和每户人家之中。这种由外而内线性展开的特殊处理，在其他聚落中很少见，而且，环村道与其他街巷的连接关系也很清晰。因为，整体环境意象的形成，并不是一个个简单意象的综合，而是或多或少相互重叠、相互关联的一组意象，它们通常依据所涉及范围的尺度，大致分成几个层次，使得观察者在移动过程中，能够按照需求从街道层面的意象转入居家住户之中。

聚落中设立的标志物，其位置与道路走向具有一定的关系。一类是位于横跨道路上方的拱门、牌坊成为道路的直接对景；另一类是位于路侧的古树、坐台或其他景观小品；第三类则是与道路有一段距离，但却是道路转折必不可少的间接对景。

第一类实例如和顺乡各族姓街巷巷口的闾门、牌坊，随着街巷的起点和终点，不仅加强引导，起标志和提示作用，而且还为行人提供丰富的环境信息，也许，一座牌坊就是一段历史，就有一个故事。

第二类则是月台、照壁、水井、凉亭、拱桥等。

这些设在道路不同位置上的标志物，不仅对人在道路中行走起到一定的分段强化作用，而且不同标志物的重复、变换，为行人提供了有节奏感的空间感受。芦原义信在其《外部空间设计》一书中认为，应以25米为限设定目标，街巷中一般以这个距离为转折点。对比来看，和顺乡聚落由双虹桥入村口起，在向东西两方各延伸不到1公里的环村道上，结合实际的巷口和宗祠建筑，几乎是在20米~50米之间多次重复使用闾门、月台作为街巷的节点空间和转折标志，使从村口到村两端的聚落外围景观变得十分丰富而有节奏。

（3）街巷的入口与节点。

街巷入口处的重点处理在心理上具有多方面的意义。它标明了领域的界限，反映了领域的人格与占有者的身份，具有象征意义且给人以强烈的起始刺激，这些使入口成为识别整体环境的标志物和起始点[①]。

和顺乡最明显和典型的入口处理，便是在与坡地等高线垂直的街巷入口两端设置的闾门、牌坊，而与闾门相对应的则是在环村道路上设立的月台，或于台中植树，或于台边建照壁，作为道路的扩展缓冲空间和巷子的

① （美）凯文·林奇：《城市的印象》，第89页，项秉仁译，中国建筑工业出版社，1990年版。

对景收尾。

在相对封闭的线性街巷空间中，常出现一种局部放大的空间，或是街巷的交叉口，或是祠堂前的广场月台，或是入户门前的小空间，其特点均是三面围合，而且由于围合成的边界呈现不规则的几何形状和非封闭性，又往往构成非常丰富的视觉景观效果，使人们在走出线性狭长的街巷空间后，到达这里时有一种豁然开朗的身心感受。

实际上，人们并非在总平面图或是模型上识别环境，而是在实际空间中通过运动行进来识别认知环境的，因此他或她无法很快就能把握整体环境，而需要一系列的片断叠加、积累以形成对聚落环境的整体印象。

（4）街巷的空间特征。

在传统聚落的结构中，街与巷是有级别和空间差异的。在构成聚落街巷道路的网络中，巷道既是联系街道与民居入口的过渡空间，同时也是从心理上和空间上表现出的一种过渡与准备。

亚历山大在《图式语言》中论述“入口过渡”的问题时指出：“当人们在街道上时，他们侵染着一种街道行为（street behavior）的仪表情绪，进入屋内后自然要摒弃这种情绪，完全安静下来以形成亲切（或随意）的气氛。然而除非有一种过渡环境，否则往往办不到。这种过渡必须能在人们变得从容轻松之前，能消除那些拥挤紧张等等街道行为的影响。”所以，“在街道与前门之前设置一种过渡空间，让连接街道与路口的路线通

小叉巷

小坡头巷口

过这种过渡空间，并使它显得有光线的变化、方向的变化、面的变化、地坪标高的变化……并首先着意于视觉的变化。”①

在大部分的传统聚落中，巷道一般充当着街道与民居入口的过渡空间，有时在巷道与民居入口大门之间又增设一块调整住宅门向的门前场地，使“过渡空间”的含义更加深刻。

和顺乡聚落街道虽然没有像上面所述的那种拥挤和紧张情况，但是在街与巷（其实是主巷与次巷）、巷与民居入口处的空间连接上，却广泛而巧妙地运用这种“过渡空间”，或大或小，或长或短。通过线路的转折和方向的变化，既表明各户民居的领域界限，又给人一种心理暗示，到了自家领地或准备进入家中。这种处理在不改变民居院落主体方位朝向的前提下，增加了住宅入口的空间变化层次，同时也于此区分内外。一则开门进出时可免去过多的外部视线的干扰，更主要体现了乡人住家“财不外露”的空间观念；二则在同一街巷上，各家开门及门道过渡空间的处理有所不同，或多或少受些风水观的影响。于是在巷道中，各户入口门前的过渡空间和入口院门的不同设置，使街巷这一线性狭长的空间更加丰富，加上两侧墙面的限定作用，人们在其中感受更多、更明显的是巷道轴线的对景。一些重要的公共性景观建筑也因此设在街巷的起始点，作为街巷的视觉中心，起到加强导向的标志作用。如横跨街巷的闾门、牌坊、拱门，巷道端头的照壁、古树等等。

在这些有转折、有对景的街巷中，人们会随时感受到街巷的流动和延伸，空间的开合变化、地段的起伏跌宕、具有相似性的店面或民宅的前后错动等所产生的韵律和变化。

① Christopher. Alexander：A patten language，P549-552，New York ,Oxford University press,1977.

图书在版编目(CIP)数据

环境和顺/杨大禹，李正著. —昆明：云南大学出版社，2006

（中国最具魅力名镇和顺研究丛书/熊清华，蒋高宸主编）

ISBN 7-81112-196-4

Ⅰ.环… Ⅱ.①杨… ②李… Ⅲ.乡镇—生态环境—研究—腾冲县 Ⅳ.X321.274.4

中国版本图书馆CIP数据核字（2006）第109253号

中国最具魅力名镇和顺研究丛书

环境和顺

主　　编：熊清华　蒋高宸
作　　者：杨大禹　李　正

责任编辑：周永坤　丁群亚
责任校对：何传玉
技术制作：薛　峥
出版发行：云南大学出版社
印　　装：昆明美盈彩印包装有限公司
开　　本：850mm×1168mm　1/16
印　　张：25.25
字　　数：440千
版　　次：2006年9月第1版
印　　次：2006年9月第1次印刷
书　　号：ISBN 7-81112-196-4/K·219
定　　价：120.00元（三册）

地　　址：云南省昆明市一二·一大街云南大学英华园（邮编：650091）
电　　话：(0871) 5031071　5033244
网　　址：http://www.ynup.com
E-mail：market@ynup.com

一和順